数据中心数字孪生
应用实践

陈岩光　于连林　穆心驰　何明昊　　编著
常　玮　高艳坤　孙　越

清华大学出版社
北京

内 容 简 介

本书以数字孪生在数据中心的应用为主题,从采用的方案、遇到的问题、解决的方法及对未来的思考等全面介绍技术实践的细节。本书共分为 5 章:第 1 章介绍数字孪生相关的知识和应用场景;第 2 章主要阐述数字孪生在数据中心的应用和数据中心的行业知识;第 3～5 章篇幅较多,主要介绍数字孪生使用的技术,并配套完整的项目代码,其中第 3 章介绍数据分析算法相关的技术知识,第 4、5 章阐述 3D 可视化框架 ThreeJS 相关的知识。

本书适合对数字孪生有兴趣的技术团队、开发和研究人员阅读。

本书封面贴有清华大学出版社防伪标签,无标签者不得销售。

版权所有,侵权必究。举报:010-62782989,beiqinquan@tup.tsinghua.edu.cn。

图书在版编目(CIP)数据

数据中心数字孪生应用实践/陈岩光等编著. —北京:清华大学出版社,2022.1(2023.11重印)
ISBN 978-7-302-59723-0

Ⅰ. ①数… Ⅱ. ①陈… Ⅲ. ①数字技术 Ⅳ. ①TP3

中国版本图书馆 CIP 数据核字(2021)第 278542 号

责任编辑:王金柱
封面设计:王　翔
责任校对:闫秀华
责任印制:杨　艳

出版发行:清华大学出版社
　　　　网　　　址:https://www.tup.com.cn, https://www.wqxuetang.com
　　　　地　　　址:北京清华大学学研大厦 A 座　　　　　邮　　编:100084
　　　　社 总 机:010-83470000　　　　　　　　　　　邮　　购:010-62786544
　　　　投稿与读者服务:010-62776969, c-service@tup.tsinghua.edu.cn
　　　　质量反馈:010-62772015, zhiliang@tup.tsinghua.edu.cn

印 装 者:北京同文印刷有限责任公司
经　　销:全国新华书店
开　　本:170mm×230mm　　　　印　　张:12.5　　　　字　　数:280 千字
版　　次:2022 年 1 月第 1 版　　　　　　　　　　　印　　次:2023 年 11 月第 3 次印刷
定　　价:79.00 元

产品编号:095344-01

序

卓朗科技是一家极具活力和创新精神的科技企业。自2009年创业以来，卓朗一直坚持科技引领和项目创新，不断强化人才智能支撑，专注于打造具有一流用户体验的IT服务，持续改善人和机器的工作，推动社会高质量发展。

严格遵从行业标准，不断提升工程能力是公司健康快速发展的又一重要动力。通过丰富的工程实践，卓朗科技拥有了高级别的资质体系，涵盖软件、集成、涉密、安全和IT服务等领域，覆盖业务全生命周期。我们的信息化资质主要包括信息化建设和服务能力壹级、涉及国家秘密信息系统集成和软件开发甲级、CMMI 5级等，都达到了最高的等级。我们还拥有全国增值电信业务经营许可证，涵盖IDC、ISP、ICP、云服务、国内多方通信等全部增值电信业务。除此之外，公司的全部产品和服务均通过了ISO全部认证，多项产品和服务通过可信云认证。众多项目领域的成就让每一个卓朗人都深知，对于技术和业务我们绝不能浅尝辄止，而是应该不断深入学习、探索、实践和创新。十余载的创业征程中，我们培养了很多具有工匠精神的卓朗技术团队，其中就包括编写此书的卓朗数字孪生产品团队。

近年来，随着物联网、5G、云计算、大数据等技术的不断发展，我们俨然进入了一个数字经济社会的新时代，在这个新时代，传统的产品和业务模式亟须转型，我们要打造一个能与现实无缝隙连接的数字化产品，将数字化产品的使用和运行数据持续反馈到产品创新、生产、维护和运营中，形成会动的、闭环的、多层次且多角度的数字孪生，为产品的更新迭代提供更多的创意与素材。卓朗数字孪生致力于打造智能可视化管理平台，通过数据连接将特定物理实体及过程数字化表达，实现现实世界与物理世界交互融合，最大程度地降低故障率并持续提高效率，缩短开发周期。目前，卓朗数字孪生已经成功研发了包含数据中心、智慧园区、电力管线等数十种场景的解决方案，本书我们希望通过结合卓朗成熟的数据中心建设技术以及数字孪生项目经验，分享数字孪生技术在实际研发过程中可能会遇到的问题、以及解决问题的思路和方案，希望能帮助各位同仁快速理解技术、梳理流程。

　　书中陈述了卓朗技术人对数字孪生概念、发展以及技术方案的深入理解，并从数据中心实际案例出发详述了数字孪生项目在研发过程中采用的方案、遇到的问题、解决的方法，并以代码示例的方式全面介绍技术实践细节，方便读者对知识的快速理解与应用。

　　"卓越做事，爽朗做人"，感谢在百忙之中分享经验、撰写本书的卓朗人，卓朗也将一直秉持"倾己之力，业界共荣"的利己利他理念为数字经济时代贡献自己的力量。

天津卓朗科技发展有限公司CEO　张坤宇

推　荐　语

收到作者的新书样章后，认真读完，对数字孪生有了一些新的启发和认知，相信也会打开一些互联网从业者的视野，推荐大家阅读。

公众号「stormzhang」主理人，前程序员&产品人，现创业者·stormzhang

数字孪生体是物理世界和数字空间交互的概念体系，既是一种新技术，也是一种新范式。本书主要围绕数字孪生体的历史渊源、关键技术、创新应用和产业发展等多个方面，提出了基于数字孪生体的数字化转型方法论和实践指南。这本书打开了我对数字孪生体的认知，拓宽了视野，向大家强烈推荐。

《Flutter跨平台开发与实战》作者·向治洪

数字孪生是大数据应用的前沿方向，《数据中心数字孪生应用实践》一书讲述了数字孪生的方方面面，有理论有实践，能够帮助读者快速建立数字孪生的知识体系，推荐大家阅读。

《B端产品经理必修课2.0》作者·李宽

数字孪生最大的价值在于，它可以一边实时观察数字实体的运行情况，监控各种运行参数，一边通过大量数据积累和人工智能技术对虚拟世界进行更进一步的模拟推演，用推演结果实现对现实世界的反馈。真实、精确、可预测，数字孪生正让未知的现实变得鲜活起来。愿本书可以带你走进鲜活有趣的数字孪生世界。

《计算机世界》总编辑·宋辰

数字孪生是数字化对现实世界"镜像"的最有趣的一个实践方向，本书对数字孪生相关技术和场景做了全面、细致的讲解和总结，相信对相关从业人员，以及IT、科技类从业者都能带来很多启发。

《决胜B端》作者·杨堃

数据已经成为新时代的石油，万物皆可数据化，物理世界和以数据为基础的虚拟世界之间的界限越来越模糊。我们对数据的开采和使用还有很大的提升空间，本书会为你打开一个新的视角。

《产品经理必懂的技术那点事儿》作者，公众号「唐韧」主理人·唐韧

本书基于卓朗科技公司在数字孪生方面的实践，书中有大量的应用场景，是市面上不可多得的数字孪生应用方面的书，相信通过阅读本书，一定可以帮助你在工作中实践运用该技术。

《从零开始做IT售前工程师》作者·徐瑞雪

前　言

　　数字经济持续高速增长，成为我国应对经济下行压力的关键抓手。数字经济是以数字化的知识和信息作为关键生产要素的，以数字技术为核心驱动力，以现代信息网络为重要载体，通过数字技术与实体经济深度融合，不断提高数字化、网络化、智能化水平，加速重构经济发展与治理模式的新型经济形态。根据《中国数字经济发展白皮书（2020）》数据显示：2019年，我国数字经济增加值规模达到35.8万亿元，占GDP比重的36.2%，占比同比提升1.4个百分点；按照可比口径计算，2019年我国数字经济名义增长15.6%，高于同期GDP名义增速约7.85个百分点。数字经济在国民经济中的地位进一步凸显。

　　促进数字经济和实体经济融合发展、加快新旧发展动能接续转换、打造新产业新业态是各国面临的共同任务。随着数字经济发展，数字孪生（Digital Twin）是近些年比较火的技术概念。数字孪生技术充分利用物联网、大数据、人工智能、3D可视化等技术，基于历史数据、实时数据以数字化的形式创建物理实体的虚拟实体，也称作数字孪生体。看过电影《钢铁侠》的人一定不会忘记其中一个十分经典的画面：托尼·史塔克在设计、改进和修理钢铁侠战衣的时候，并不是在图纸或实物上进行操作，而是通过一个虚拟的影像映射场景来辅助实现，而这个可视化、智能化、数字化的映射场景就是数字孪生体。

　　随着云计算、大数据的兴起，加上国家大力推荐新基建的建设，数据中心也如雨后春笋般不断出现，数字孪生在数据中心的应用将会越来越多。其中，天津卓朗科技已经在这一领域布局。

　　数字孪生并不是炒作的概念，也不是新瓶装旧酒，是已经具备落地条件的技术。工业4.0研究院胡权院长在《数字孪生体：第四次工业革命的通用目的的技术》中提到过初步接触数字孪生领域的人受部分商业企业营销的影响，对模拟仿真等传统概念与数字孪生体技术之间的关系一直比较困惑，尤其是近几年很多仿真、虚拟现实和建筑模型厂商非常活跃，把现有的项目包装起来，再贴上数字孪生体标签进行推广，这导致行业人士陷入了认知困惑。

　　进入数字孪生领域的读者肯定希望了解真正的数字孪生技术，笔者结合实际案例总结出构建数字孪生体至少包含3个步骤——数据获取、数据分析、数据展示。数字孪生体可以和实体实时同步状态，也可以脱离实体进行模拟预测。市面上目前关于数字孪生的书籍内容主要以概念和应用场景为主，本书以数字孪生在数据中心的应用为主题，从技术的角度介绍数字孪生，适合对数字孪生有兴趣的技术团队阅读。

　　本书配套的源码，需要使用微信扫描右边的二维码下载，也可按页面提示把链接转发到自己的邮箱中下载。如果有疑问，请联系 booksaga@126.com，邮件主题写"数据中心数字孪生应用实践"。

　　本书主要由陈岩光、于连林、穆心驰、何明昊、常玮、高艳坤、孙越编写，王松、何金刚、李杰等也为本书的编写提供了很多帮助。在笔者写作过程中，也参考了很多前辈的文献资料，大部分都在参考文献中声明，但是难免会有遗漏，还请各位前辈多多理解，在此表示感谢。另外，感谢清华大学出版社王金柱编辑的辛苦付出。新冠疫情打乱了很多行业的节奏，不少行业都不太景气，但愿本书能给忍受着寒冬煎熬的工作者带来一丝温暖。

编　者

2021年9月17日

目　　录

第 1 章
数字孪生的基础知识

　　数字孪生（Digital Twin）是基于历史数据、实时数据以数字化的形式创建物理实体的虚拟实体。随着3D可视化、大数据、传感器、人工智能等技术的更新迭代，数字孪生在数据中心、智慧制造、智慧城市、医疗健康和国防工业等领域不断深化发展。

1.1　数字孪生概述

　　随着互联网、大数据、AI等技术的不断发展，新科技正在逐渐影响着人们的日常。

　　在生活中大家经常会遇到这样的情形：前几分钟刚和朋友商量着一起出去吃顿大餐，下一秒打开某团购网站，推荐的就是本地优质餐饮商家；正当困扰着如何教育孩子，下一秒弹出的就是某教育机构寓教于乐的广告；刚在电商大促期间买买买，信用卡中心就贴心地发来了提额提醒。抛开这些终端如何获取用户数据不说，不可否认，各大科技公司正在努力地绘制一个专属于每个人的数字化用户画像，例如数字化档案、数字化社交、数字化办公、数字化支付等，大家的数字化身份逐渐变成生活中不可或缺的一部分。

　　与此同时，数字化建设也成为各科技大国的重点发展方向。2020年4月7日国家发展改革委、中央网信办联合发布了《关于推进"上云用数赋智"行动，培育新经济发展实施方案》（局部见图1-1），其中多次提及要切实深入落实"互联网+"行动，大力推动现代数字化技术的改革、创新以及应用，着力推进数字化经济与实体经济融合发展，促进传统型产业的数字化转型与升级，关键技术除了现在热门的大数据、人工智能、云计算、5G、物联网和区块链外，还有一个新晋之星——数字孪生。

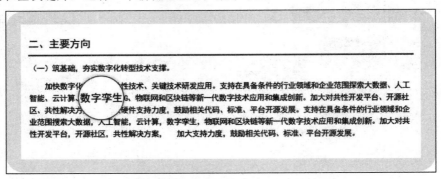

图 1-1　《关于推进"上云用数赋智"行动，培育新经济发展实施方案》

1.1.1　数字孪生概念的问世

2002年，美国密歇根大学成立生命周期管理中心，Michael Grieves教授在为庆祝其成立发表的演讲稿中第一次提出了PLM（产品生命周期管理）模型，如图1-2所示。在这个PLM模型中出现了一些目前比较熟知的话术，比如真实空间和虚拟空间概念和二者间相互作用的数据流，从真实空间到虚拟空间的数据流、从虚拟空间到真实空间以及虚拟子空间的信息流。

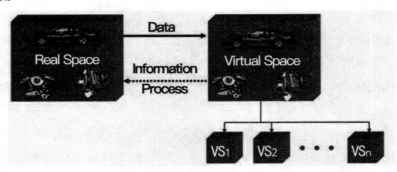

图 1-2　Michael Grieves. PLM 概念模型

虽然当时这个模型仅被称为"镜像空间模型"，也没有得到行业内的广泛响应，但是回顾这个模型可以发现，它其实已经包含了数字孪生的全部要素。

2012年NASA（美国航空航天局）率先明确了到底什么是数字孪生，给出了数字孪生概念的说明：数字孪生是一个多学科、多规模的模拟仿真过程，充分利用了物理模型、传感器和运行历史数据，让虚拟空间中的模型产品成为实体物理产品的镜像，时刻反映实体物理产品的全生命周期。

2014年Michael Grieves编写了一篇名为Digital Twin: Manufacturing Excellence through Virtual Factory Replication（数字孪生：通过虚拟工厂复制实现卓越制造）的白皮书，数据孪生概念被正式提出。

1.1.2　数字孪生的定义

数字孪生是通过虚拟信息空间构建的一个虚拟仿真系统，用这个虚拟仿真系统来实时反映现实物理实体，这个虚拟仿真系统和现实物理实体之间的关系并不是单向流动或者静态不动的，它们之间是相互映射、相互作用的，而且与整个产品的生命周期息息相关，如图1-3所示。

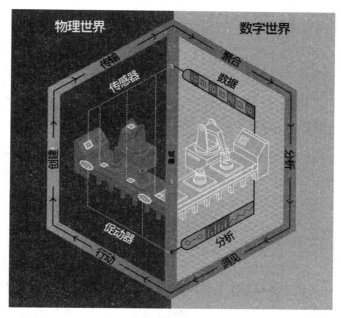

图 1-3　数字世界与物理世界的交互（图片来自德勤关于数字孪生的架构）

随着数字孪生概念的提出，美国国防部很快发现了其对航空航天飞行器维护与保障工作的助力作用，于是迅速将该技术投入生产实验中。随着科技的快速发展以及人工智能需求的提升，数字孪生技术逐渐被越来越多的人所研究和使用，德国的西门子、美国的PTC、法国的达索等知名工业软件公司都在其对外宣传中引用了"Digital Twin"的话术，而且也在概念、内涵、构建、技术等领域对数字孪生进行了大量的研究和扩展。到目前为止，数字孪生暂时还没有业界公认的相关定义，数字孪生概念以及相关技术还在探索、发展和演变中。下面列出当前从不同角度、不同方向对数字孪生概念的定义。

1. 官方定义

数字孪生是充分利用物理模型、传感器更新、运行历史等数据，集成多学科、多物理量、多尺度、多概率的仿真过程，在虚拟空间中完成映射，从而反映相对应的实体装备的全生命周期过程。数字孪生是一种超越现实的概念，是可以被视为一个或多个重要的、彼此依赖的装备系统的数字映射系统。

2. 标准化组织中的定义

数字孪生是具有数据连接的特定物理实体或过程的数字化表达，该数据连接可以保证物理状态和虚拟状态之间的同速率收敛，并提供物理实体或流程过程的整个生命周期的集成视图，有助于优化整体性能。

3. 学术界的定义

数字孪生是以数字化方式创建物理实体的虚拟实体，借助历史数据、实时数据以及算法模型等模拟、验证、预测、控制物理实体全生命周期过程的技术手段。

4. 企业的定义

数字孪生是资产和流程的软件标识，用于理解、预测和优化绩效以实现企业业务成果的改善。

通过对数字孪生的多角度定义可以发现数字孪生的几个关键词："数据""实时""传输""模拟""生命周期""双向"。通俗地讲，数字孪生就是创建一个物理实体的数字版"克隆体"，这个"克隆体"可以称为"数字孪生体"。不但在外在形态上和物理实体保持一致，而且在内在机理上和物理实体相对应。它最大的特点就是能实时接收物理实体的相关数据，也可以通过一定的计算、模拟、分析反向控制实体对象的动作。

1.1.3　物理实体与数字孪生体的关系

1. 映射关系

物理实体与数字孪生体从映射关系上看一实一虚，两者相互对应。

2. 诞生顺序

物理实体与数字孪生体从诞生顺序上看，先有物理实体，再有数字孪生体。物理实体是数字孪生的基础，其基础数据的来源，而数字孪生体又是对物理实体的进一步展现、放大与控制。两者的融合正在促进现代新工业的发展。

3. 重要性

从重要性上来看，没有物理实体就无法完成实体工业的必需过程，无法生产出国计民生所需要的物质基础；没有数字孪生体，就无法实现对实体工业的智能推演、控制，阻碍了新工业的转型升级。所以，要想更好地推进社会的发展，必须坚持虚实结合的方针，二者缺一不可。

4. 创新性

从创新性上来看，物理实体与数字孪生体的结合让产品研发、调试、生产等环节有了更多的选择性，节约了更多的成本投入，也为更多新技术、新模式、新工业的产生提供了可能性。

1.1.4　数字孪生的典型特征

从数字孪生的定义可以看出，数字孪生有几个典型的特征，分别是互操作性、可扩展性、实时性、保真性和闭环性，如图1-4所示。

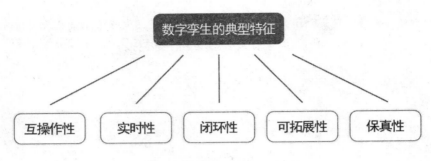

图 1-4　数字孪生的典型特征

1. 互操作性

物理实体需要将实时参数数据传输给数字孪生体，数字孪生体需要通过算法模型进行处理、演算后的结果输出反馈给物理实体，故两者是实时连接、双向映射、动态交互的。

2. 可拓展性

一般情况下，通过三维仿真技术参照物理实体外形结构一比一构建数字孪生体，但是，数字孪生体在赋予了算法模型以及其他内在结构后俨然已经成为一个会动的并且聪明的虚拟系统。在这种情况下，可以通过集成、添加或替换其内部数字模型将数字孪生体扩展成不同的模型内容。

3. 实时性

数字孪生的基础就是数据，并且数字孪生体一般都是建立在计算机系统中的。为了方便计算机系统的识别与处理，数据更为重要。

物理实体不管是否可见都是客观存在的，而数字孪生体最基本的就是要对物理实体进行表征：一个是外观，一个是状态，一个是内在机理。这些表征数据必须是实时的才能保证两者的虚实映射关系。

4. 保真性

数字孪生的基础就是"克隆"，要保证数字孪生体模型与物理实体的仿真模拟，这就要求物理实体和虚拟数字孪生体不仅在外观几何结构中要保持一致，还要在内在机理与状态中遵从仿真模拟原则。基于不同的应用场景，数字孪生体对于物理实体的仿真程度也各有不同，例如，有的场景下可能更注重外在几何结构的仿真模拟，有的场景下可能更注重内在机理的仿真模拟，所以在应用中还要根据特定需求来进行取舍。

5. 闭环性

数字孪生体与物理实体的可视化模型的区别就在于：数字孪生体通过获取物理实体的相关数据，加上相关算法模型能对这些信息进行描述与分析，可以进一步分析物理实体的内在机理，对了解和控制物理实体具有十分显著的作用；物理实体的可视化模型虽然获取了物理实体的实时数据，但是它只是物理实体的外部表现，对物理实体的研究仅限于表层，无内在研究。

数字孪生体具有分析、表达与控制的能力，其实就是赋予其一个聪明又强大的"大脑"，这个"大脑"能接收物理实体传输进来的数据，也能时刻监视、分析并为物理实体输出对应决策信息，进而控制物理实体，即数字孪生具有闭环性。

1.2　数字孪生的发展

随着社会科技技术的不断进步，数字孪生也在不断地深化发展，到目前已经演化为一个新的产业。

1.2.1　数字孪生的早期应用

虽然数字孪生是近20年提出的概念，但是实际应用得很早。

1. 数字孪生在古代战场上的应用

宽泛地讲，可能早在数千年前就出现了数字孪生的雏形，比如很多历史影视剧中会出现的军事战斗工具——沙盘（见图1-5）。

图 1-5　立体沙盘

孙子兵法有言："夫地形者，兵之助也。"自古以来，每一个军事战斗指挥家都希望自己能克敌制胜，掌握战场上的主动权，以最小的代价获取战事的胜利，因此他们通常需要纵览整个战区和战场的形势，在关键时刻给出最优的攻守方案，这也是最早的孪生体"沙盘"诞生的主要原因。早在东汉时期就有了沙盘的相关记载：公元32年，汉光武帝刘秀亲自西征隗嚣，当地地势险峻，且汉军不熟悉当地地形，各将领都觉得不宜深入险阻、犹豫不决，就在这时名将马援拿出一堆米，创造出了世界上第一个立体沙盘（当时称为"米盘"更为贴切），聚米为山，以代地形，为刘秀清晰、直观地展示当前军事形势以及险要的地形，让犹豫不决的刘秀顿感胜利在望，坚定了必胜的决心，也进一步帮助汉军明确了最佳的进军计划，轻松地穿过了数处关隘，在地势险峻的陇山之中如履平地，打得隗军节节败退、苦不堪言。

由此可见，在古代人们已经知道可以构建实体事物的孪生体来促进和帮助实体事物更好地达到预期效果。当时人们受技术的限制，对孪生的认识还仅仅局限于模型层次，无法做到现实实体与虚拟孪生体间的数据互通。

2. 数字孪生在航天领域的应用

随着科技的发展，数字孪生体又被应用在航天计划中，如图1-6所示。据相关文献资料记载，虽然NASA（美国国家航空航天局）于2010年才首次在太空技术线路图中加入了数字孪生的相关内容，但是实际上在20世纪60年代NASA就有了"孪生"的概念，只不过当时的两个物体都是真实的物理实体飞行器。Apollo program（阿波罗计划）是美国在20世纪六七十年代组织实施的系列载人登月飞行计划，主要是想实现人类载人登月飞行的伟大愿望，实现对月球的实地勘测与考察，为载人航天飞行和行星探测进行充分的技术储备。阿波罗计划是人类航天史上一个新的里程碑，是人类文明高度发展的重要标志。在这项工程中，NASA建设了一套完整的、高水准的地面半物理仿真系统，即构建了两个一模一样的航天飞行器：一个被用于执行太空任务；另一个则留在地球，用于实时反馈太空中飞行器的工作状态。这个留在地球上的飞行器被NASA称为被发射到太空执行任务飞行器的twin（孪生体）。在阿波罗工程前期任务准备期间，NASA利用孪生体飞行器进行了多项训练，为后面太空飞行器的飞行提供了诸多数据与经验支撑；在阿波罗任务执行期间，NASA利用孪生体飞行器实时且精确地反映正在外太空执行任务飞行器的状态，并通过孪生体飞行器进行一些外太空飞行器状况与数据的预测，进而辅助工程师分析处理各种紧急事件，让远在太空的宇航员可以在紧急情况发生时做出正确的决策。

图 1-6　数字孪生在航天中的应用

Apollo 13（阿波罗13号）是美国阿波罗计划发起的第三次载人登月任务，在其发射运行两天后，地面指挥中心接到告警，Apollo 13服务舱的二号氧气罐发生了爆炸，这对Apollo 13简直是致命的打击，因为在太空飞船上，氧气除了用于供宇航员们的日常呼吸，还主要用于与氢气相结合，经过一些列的反应，生成电和水，所以Apollo 13的氧气罐爆炸后，让飞船失去了供电的主要物质来源，也缺少了维系生命的重要物质——水。更可怕的是，Apollo 13的两台液氧罐都被放在了同一模块，虽然没有收到一号氧气罐爆炸的通知，从外观上看一号罐也并未发现严重破损，但是两个氧气罐之间位置较近，且有很多细小的用于运输氧气的管路相连接，而这些管路有的已经发生了破损，这就加速了Apollo 13氧气的泄露。图1-7所示为Apollo 13号登月舱飞行员小弗雷德参加模拟训练。

图1-7   Apollo 13 号登月舱飞行员小弗雷德参加模拟训练（图片来源于 NASA）

爆炸发生后，地面指挥中心所做的一切工作都是为了能让三位宇航员顺利地返回地球，保证他们的生命安全，因为大家心里都明白任何盲目的错误决定都可能是对航天器的进一步破坏。那么，地面指挥中心该如何判断一个远在30万千米外的飞行器的状况呢？又该如何解决这个故障呢？这时应用到了NASA的训练模拟器。

在Apollo 13发射前，NASA已经陆续发射了一些太空飞船，就在之前发射的Apollo 10号的准备过程中工作人员进行了一系列的故障模拟测试，其中就包括了飞船在接近月球轨道时出现燃料电池故障的模拟，而这种模拟情况与Apollo 13目前的状态十分相似。在模拟环境中，指挥中心的工作人员想让宇航员利用登月舱（见图1-8）作为救生舱返回地球，但是很遗憾，在Apollo 10的模拟过程中，他们没能及时独立地启用登月舱系统，导致模拟环境中的宇航员没能得救。这次模拟的失败让地面控制人员开发了新的控制程序，以备登月舱在指令舱系统故障时能够作为备用救生舱使用。在Apollo 13爆炸发生后，各方研究决定启用备用救生舱，三名宇航员最终顺利地返回地球。

图 1-8　前部登月舱模拟器，后部指令舱模拟器（图片来源于 NASA）

从阿波罗计划可以看出，当时的数字孪生其实就是通过孪生体反映真实物理实体的情况，进而帮助真实物理实体的使用者或控制者产生更精准的处理行为。它具有两个显著的特点：

（1）孪生体与物理实体在外表（产品的几何形状和外观尺寸）、内部构造（产品的实际组成结构）和性质（产品的功能和性能）上完全一致。

（2）通过对孪生体的三维仿真来模拟和反映真实物理实体的运行情况和状态。

在特定的工程实践中，人类逐渐意识到孪生体建设的重要性。随着各种科技的高速发展，特别是软件技术与仿真技术的发展，孪生体在功能、行为等方面可以用计算机系统替代物理实体，这时再提出数字孪生的概念就成为水到渠成的事情了。

1.2.2　数字孪生近期的发展

美国国航局与Michael教授有长期的合作关系，在航天器的设计研发以及后期运营中使用数字孪生技术可以极大地降低物理样机的生产研发成本，在运营阶段实现对航天器实时数据的获取、远程监控，甚至可以做到航天器故障预测与远程监测。这些优势让数字孪生迅速成为美国国航局的关键技术。NASA在2010年的技术目标中就明确提出了"数字孪生体2027计划"，希望通过近20年的研发建立数字孪生体工程体系。

无独有偶，数字孪生的诸多优势很快被美国空军发掘，并在2013年发表了《全休地平线》，在这个规划文件中美国空军将数字线索和数字孪生共同视为"改变游戏规则"的颠覆性机遇。后来美国空军与全球航空航天业的领袖公司——波音公司共同合作研发了F-15C数字孪生机体模型（见图1-9），该模型配合了当时最先进的多维仿真技术，实现了对机体几何模型、机体材料性能数据、飞行测试数据、检查与维护数据、气动力模型数据、有限元模型、损害演变模型的多数据集成，达到了预测组件寿命的目的，为机体的结构调整、维修和替换节约了人力、财力和时间成本。

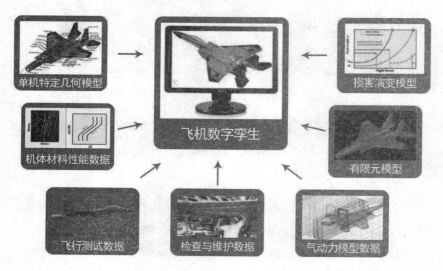

图 1-9　F-15C 数字孪生机体模型（来源于美空军飞机数字孪生数据与工程集成）

2013年的汉诺威工业博览会上德国政府正式提出"工业4.0"战略，其目的就是为了提高德国工业的竞争力，在新一轮工业革命中占领先机。这个战略提出后，德国众多科研机构、生产企业都表示了认同与支持，其中德国著名优质企业西门子公司率先将"工业4.0"概念引入工业软件开发和生产控制系统中，并在2016年开始逐渐尝试用数字孪生技术升级相关应用。众所周知，数字孪生是贯穿整个产品生命周期的，德国西门子在应用中就利用数字孪生的这一特点仿真模拟了产品设计、生产机器设计、产线设计、生产排期、制造执行、后期维护等一系列工厂的实际操作，构建了一整套数字化工业生产线。

美国通用电气管理层也发现了"数字孪生"的潜力，经过慎重思考与讨论提出了通用电气数字孪生解决方案项目。项目要求实现数字孪生体与物理实体的结合，打造Predix云平台，搭建实体机器以及其相关流程的虚拟数字孪生体，将工业生产中的相关资产、设备进行建模、数据直连、控制和分析，最终实现工业互联网。例如，当发电厂的发电变压器出现了一些状况时，数字孪生系统可根据历史数据、相关算法模型演算推测出该状况对未来发电厂性能的影响大小，并将该结果实时反馈给相关管理人员，以帮助其能更快地解决相关问题，减少意外状况带来的损失。正如通用电气全球副总裁Colin Parris所说，数字孪生体就是利用人工智能算法专门为机器所构建的数字复制品，并且赋予它像人类一样观察和行动的能力。这种数字孪生体可以在很大程度上帮助人类解决机器维修的问题，改变企业的运作方式，不管是对通用电气还是其他工业界来说这都代表着新的增长机会，数字孪生必将成为新工业经济的重要支柱。

与美国、德国等工业大国相比，数字孪生在中国的关注与研究起步相对较晚。从2016年才开始有学术界、企业界、政府机构的相关专家、学者发表数字孪生相关的文献，到2018年达到一定规模，如图1-10所示。其中，高校及科研院所是数字孪生理论研究的主力机构，企业是将数字孪生技术付诸实现的研发方，政府部门在数字孪生相关标准研究、技术发展和应用实践环节中开展了大量的工作，为数字孪生技术在中国的迅速发展起到了重要作用。天津卓朗科技也开展了数字孪生的计划，希望使用人工智能、3D可视化、大数据等技术打通数据中心的规划、建设、运行的数据闭环。

目前，数字孪生不仅仅局限于工业或制造业，更多开始在智慧数据中心、智慧城市、智慧交通领域进行应用，并且在不断地完善形态和观念。

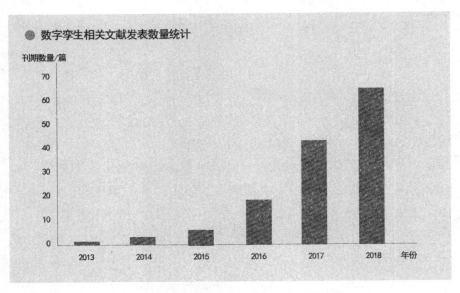

图1-10　数字孪生相关文献发表量统计

1.3　数字孪生的意义

为什么数字孪生能受到众多国家、企业、科研人员的追捧？它到底能为世界带来什么样的意义？接下来笔者将从各个行业的角度来分析数字孪生的实际意义。

1.3.1　数字孪生对于工业制造业的意义

通过对物理世界多维度、多领域、多视图的数字仿真模拟（见图1-11）把物理世界的信息综合到数字世界中对制造业的产线升级、效率提高有着至关重要的作用。

数字孪生可以提高产品项目周期管理能力，有助于产品标准化生产。

在产品研发、制造、采销等环节建立数字孪生体，可多层次地模拟产品不同情况下的转变，然后根据数字孪生体的变化结果对产品外形、构造、销售方式进行新的设计，减少产品发售时间。同时可以构建产品生产车间的数字孪生体，对原材料输入、设备生产状况、车间生产能力、生产产品质检等进行模拟仿真测试，有效提高产品品质管理能力，清查生产阶段漏洞，降低质检部门工作难度，加强产品品质保障机制。

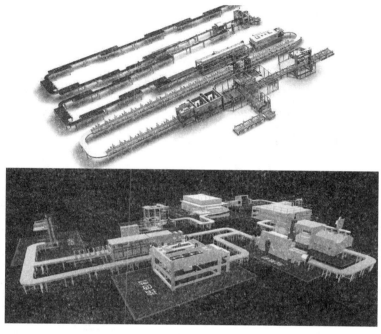

图 1-11　数字孪生在工业制造业的应用示意图（来源于卓朗科技）

基于工业制造业中各产品线的特点，为各产品模型搭建需求、产品、研发、生产、市场、销售、物流、售后等全产品生命周期的数字孪生体可助力于传统工业制造业升级为更为科技、敏捷的现代化制造业。

1.3.2　数字孪生对于基建工程的意义

以数据中心举例，因为数据中心对电、水、环境温度要求比较高。

首先，在前期选址规划时，规划人员可以通过虚拟孪生体的场景进行调整和模拟布局，对不同的规划进行预测分析，从而获得最佳建设位置。

其次，在施工建设阶段，数字孪生可对建设的全流程进行实时动态模拟分析，在虚拟数字孪生体中对施工中涉及的原材料比例、建筑结构进行调整，得到最优的策略应用到现实施工建设中，实现施工建设效益的最大化，减少试错不必要支出。

最后，在运营管理阶段，运维人员可基于虚拟数字孪生体的数据进行实体建筑问题的预测、诊断、决策，更快、更好、更精准地处理各类故障。

1.3.3 数字孪生对于智慧城市的意义

目前，很多城市搭建了智能路灯或者智能城市井盖设备，利用物联网、无线WIFI、无线传感、云计算等技术实现了对路灯、井盖信息的实时监控，能有效提升市政对井盖翻转、移动或路灯故障等设备异常的处理速度，实现对市政基础设施的有效管理。

由此可见，数字孪生城市不仅可以做到实时、直观、动态地展示和反映现实城市，也可以通过采集、计算、分析现实城市数据输出对现实城市的优化解决方案，最终应用到现实城市中，达到改善现实城市社会状况、节约城市管理成本、构建便捷型智慧城市的目的。

1.3.4 数字孪生对于智慧医疗的意义

目前几乎所有医院都是人满为患，好的科室更是要提前几天甚至几个月来预约；到了预约的日子，又要在医院停车场一圈一圈地找车位；找好车位了，又要排队取号、排队看医生；看到医生后拿到一堆检查单，然后开始排队预约检查，等结果出来后又来医院检查、等检查结果、取检查结果、预约挂号看检查结果……如此下来，患者被折腾得筋疲力尽。

当有了医疗数字孪生体后，可以通过智能穿戴设备打造一个患者人身数字孪生体，通过这个孪生体结合大量医学数据自动判别患者的疾病并给出对应治疗，无须往返医院。如果真的需要前往医院治疗，医疗数字孪生体可根据当前院内车流数据、排队病患数据给出最佳的前往时间，极大地减少患者就医等待时间，并且医生可直接参考智能穿戴设备提供的数据，减少了患者检查时间、增加了临床诊断的准确性。图1-12所示是OnSacle研发的"数字双肺"模型，可预测新冠肺炎患者的通气需求。

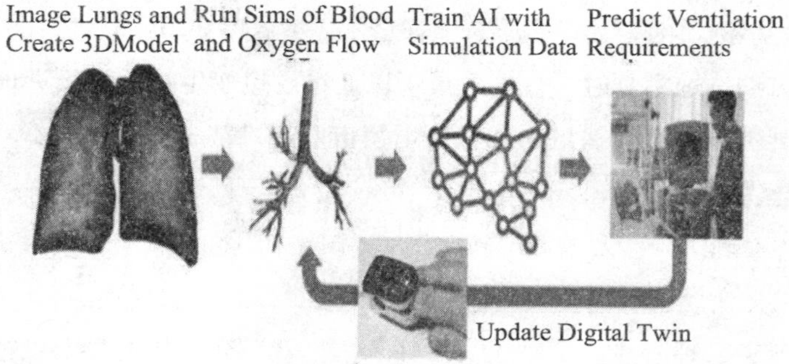

图 1-12　"数字双肺"模型（来源于 OnScale）

1.3.5　数字孪生的通用意义

从通用角度上来说，通过构建可修改、可复制、可重复操作的数字孪生体极大地帮助了人们对物理实体的研究与控制，降低了物理实体的操作成本。另外，数字孪生体可以结合物联网技术完成对物理实体的数据采集工作,结合大数据和人工智能技术完成对采集数据的分析处理，进而做到对现实物理实体的状态评估、问题诊断以及未来发展状况的预测，并为物理实体的后续决策提供全方位支持，有效地助力了人们对物理实体的设计、制造、服务过程。

过去，产业数字化作为一种趋势，可以让数据、信息、场景都变得可视化、流程化和个性化；现在，有了数字孪生技术的加入，数字就多了一种更立体、更直观的展示形式。总的来说数字孪生通过数据的积累保存了经验的数字化，为未来的状况提供了更加自动化、智能化的诊断和处理，拥有更全面的分析和预测能力，让社会生活更便捷。

1.4　数字孪生的主要应用领域

自数字孪生概念提出来，已经被广泛应用到各领域。

1.4.1　基于模仿的数字孪生应用

早在数字孪生发展的萌芽阶段人们就开始构建各种模型，以达到对实体的一种模仿与控制，不过当时大家并不知道什么是数字孪生，只知道是模仿。

在工业生产领域，可以通过一些软件来模仿现实物理实体，帮助人们更清楚直观地认识现实物理实体的外在结构和内在性能。

在文化生活领域，可以通过一些软件来模仿人的日常生活场景和方式，增加人们生活的趣味性，让生活变得舒适与便捷。

在精神娱乐领域，人们除了可以模仿现实中实际存在的事物，还可以模仿传说的、想象的、未体验过的事物。例如：

- 计算机绘图软件就是在模仿人在纸张上的绘画行为。
- 计算机中的计算器就是在模仿人在现实场景中的计算行为。
- 即时通信软件就是在模仿人在现实场景中的聊天行为。
- 办公系统就是在模仿公司行政管理行为。
- 在线购物软件就是在模仿人在现实商场中的购物行为。
- 影视剧中利用软件制造各种虚拟场景或虚拟形象。

目前，依靠大数据的不断发展，结合一些特定工程算法，已经研发出很多人工智能软件，极大地提升了人的生活水平和工业制造质量。

在军事领域，正如前文提到过的美国阿波罗计划中应用的模型飞机一样，在很多复杂产品工程领域也逐渐出现了类似"数字样机"的概念。

数字样机在概念提出之初主要是指利用CAD制图系统为现实物理飞机搭建一个可视化数字模型，以便于对飞机零件的调节和日常检修，节省运维成本。随着数字化技术不断发展，数字样机的作用有了质的提升——不仅仅是一个可视化数字模型，还是一个可以有动作、做到人机交互的模拟仿真系统。

目前，数字样机的作用仍不断被发掘、更新和创造，但是无论数字样机模仿的是机体几何还是机体功能、机体性能，都属于仿真模拟范畴。

图1-13所示是中国航空工业集团第一飞机研究院在21世纪初开发的飞豹全数字样机与已经服役的飞机形状。

图1-13　数字样机（飞豹全数字样机与服役飞机）

通过诸多场景和行业中的模拟，人们慢慢发现物理空间中的实体事物可以通过数据通道与虚拟空间的数字模拟事物相连接，并且二者可以相互传输数据与指令，这时数字孪生的概念逐渐走进人们的视野。随着数字设计、仿真技术、人机交互技术的发展以及数字孪生概念的不断深入，目前数字孪生体可应用在更多的场景、领域中，方便人工操作，也能助力企业通过数字孪生可视化更便捷地认知和管理现实世界。

1.4.2　数字孪生城市

数字孪生城市利用数字孪生技术在虚拟网络空间构建一个与物理世界相对应的城市。这个孪生城市以数字为基础，对城市的各方面进行运营、治理和决策，实时数据来源包括智能路灯、智能井盖、交通数据、电力数据等。

从本质上而言，数字孪生城市就是实体城市在虚拟空间上的映射，二者通过数字连接最终实现物理实体城市与数字化虚拟城市的虚实交融。

数字孪生城市的建设架构如图1-14所示。通过架构图可以发现，要构建一个数字孪生城市主要分为以下几步。

（1）智能、感应设施建设

数字孪生城市的基础就是数据，而数据是从实体城市来的。通过布设天、地、物多端传感器，将城市实体建筑、道路、桥梁、湖泊进行数字化建模，全面建设移动基站、电子围栏、智能手机终端等设施，推进5G、WLAN、eMTC、LTE等城市基建工程，通过天上、地面、地下多维度的综合信息网络，让实体城市的各种数据顺利接入数字孪生体，实现在数字孪生城市中的多样化应用场景。

（2）构建高精度数字孪生城市模型

物理城市中的人、物、事都在数字孪生城市中有虚拟映像，能实现虚实同步运转。

（3）智能化城市大脑

通过全量全域数据的分析演算构建城市信息模型，通过不断地训练使模型做到"独自优化"，全面协同处理城市管理中相关的子业务系统，实现全网协同处理，完善城市管理的方方面面。

利用数字孪生技术构建智慧城市数字空间，以炫酷视觉效果、全面数据集成、场景化业务展示为支撑，有效提升城市管理人员对城市运营、治安、交通、政务等业务监控管理效率，支撑智慧城市、智慧园区辅助决策。

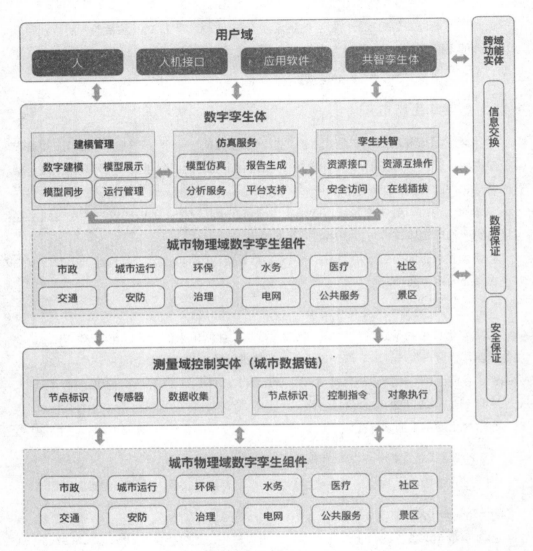

图 1-14　数字孪生城市架构图（来源于安世亚太）

目前，我国正式进入"数字孪生城市"的建设实施时期，国家发改委、技术部、工信部、自然资源规划局、住建部等出台了很多相关政策，旨在全力推进数字孪生城市建设。相信在不久的将来，中国的数字孪生城市将会迈入城市智能化管理和服务的新世纪，届时大家的生活将会更加舒适、高效、便捷。

1.4.3 数字孪生医疗

2019年3月，国家卫健委首次提出了要将云计算、大数据、AI、物联网等技术应用于医疗服务领域，构建涵盖"智慧医疗""智慧服务""智慧管理"的智慧型医院。由此，智慧型医院建设开始加速前进。

健康医疗领域中的数字孪生技术可构建医院的数字孪生体，通过各种传感器设施以及数字化系统的建设让病人能以最少的流程完成就诊，提高医生的诊断准确率，实现病人身体状况预测、预警、医生远程会诊等现代化医疗技术手段。

数字孪生医疗的建设架构如图1-15所示。通过架构图可以发现，要构建一个数字孪生医疗主要分为以下几步。

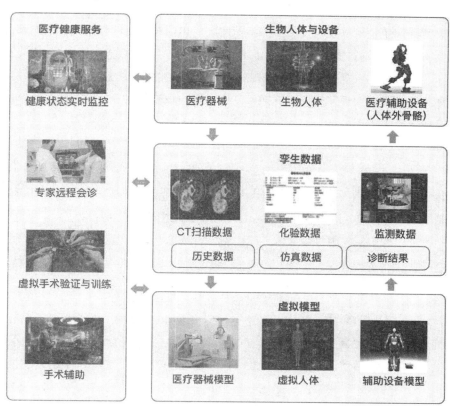

图 1-15　数字孪生医疗架构图

（1）建设数字化、网络化医疗设备

建设数字化成像设备，如CT、MRI、CR、DR、ECT等，完成病人相关信息的数据采集；构建全院医疗设备的网络化，实现院内影像和文档资料的传输，缩短病人看病时间，减少医生电子开单、电子处方的错误率，全面完善医院安防、监控等基础设施建设。

（2）搭建医院数字孪生体

搭建医院数字孪生体覆盖医院全空间范围，从院区到建筑物，从设备到消防，从监控到门禁，所有数据全部一体化展示，让管理者可以随时了解医院的运营情况和各部门的工作，也能为紧急事件或突发事件的发生合理调度资源；医生可以便捷地了解病房内的病人情况；病人可以根据医院当前人流量和自己的身体情况选择合适的时间就医。

（3）搭建个人数字孪生体

随着数字孪生技术以及现代医学的不断发展，相信在不久的将来每一个人都会拥有自己的数字孪生体。通过佩戴智能终端传感设备，数字孪生体能数字化地展示人类身体的各种指标，当有异常时能及时预警并给出对应的就医或治疗建议。

当所有医疗数据实现了互联、互通、互用以及自审查、自适应、自修复后，医疗条件必将得到质的提升。

1.4.4 数字孪生工厂

德国工业4.0、美国工业互联网、中国互联网+制造等概念表明世界各国都在国家层面提出了制造业转型战略。这些战略的核心目标之一就是构建虚拟数字化工厂，而数字孪生就是实现物理实体工厂与虚拟数字化工厂相交融的最佳手段。

数字孪生工厂的建设架构如图1-16所示。通过架构图可以发现，要构建一个数字孪生工厂主要分为以下几步。

（1）工厂智能终端设施建设

要完成虚实交融，就必须完成实体空间/设备的数据化，将数据化的行为传递给虚拟数字化工厂中的对应模型，再从数字化工厂中将数据进行处理、输出，从而反向控制实体工厂。

图 1-16　数字孪生工厂解决方案（来源于自力控科技）

（2）构建数字孪生工厂

对工厂整个园区、建筑物、车间、设备、监控等设备进行3D立体建模，实现物理实体园区到三维虚拟园区的转变。

（3）实时数据采集

实体工厂中的设备运行状态及参数信息要实时采集，自动汇总，动态展示。集成监控、告警等子系统，当数据达到告警阈值时，产生声音、颜色、文本等多方式告警。数字孪生工厂可使实体与孪生体的生产过程无缝融合，提高企业管理和生产的透明度，提高车间工作人员的工作效率，降低工厂的事故发生频率，打造数据化驱动的智能制造企业。

1.4.5 数字孪生在其他行业的应用

数字孪生已经被应用到很多行业，如图1-17所示。

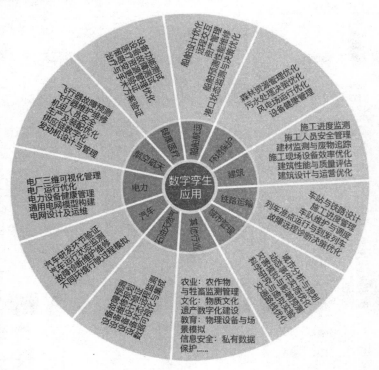

图 1-17 数字孪生的应用（来源于《数字孪生应用白皮书–2020 版》）

1. 数据中心的数字孪生

数据中心可视化管理平台利用数字孪生、物联网、大数据、云计算等技术实现对实体数据中心的三维立体仿真、数据直连、算法模型搭建、控制输出等功能，让数据中心的运维人员能直观、清晰地掌握各种运营信息、告警信息、预测故障信息等，实现真正的可视化管理，有效提高资产管理、监控管理、运营管理效率。

数据中心可视化管理平台主要涵盖以下方面：

- 数据中心环境可视化。

- 数据中心监控可视化。

- 数据中心容量可视化。

目前数据中心的数字孪生技术主要表现为在设计阶段用3D建模和仿真，通过CAD软件、BIM软件、CFD软件等工具构建数据中心数字孪生模型；在数据中心的运维阶段结合3D仿真技术、物联网技术、人工智能技术和数据分析技术，实现IT变更管理、机房容量管理、节能运行管理等相关功能。

2. 园区可视化

基于数字孪生的三维技术，将人工智能、物联网、大数据分析等新一代信息技术进行整合，通过可视化的管理方式，实时、动态、直观地对园区内的建筑设备从宏观到微观进行全方位管理。

3. IOC 智能运营中心

IOC智能运营中心作为高效的场景化协作的入口，提供创新的数字孪生运营可视化交互门户服务，通过数字孪生对象数据驱动科学决策、精益管理、业务全景展示，整合现有数据资源，满足智慧城市、智慧园区等场景下的运行监控、运营分析评价、应急指挥、风险控制预警等业务场景。

4. 数字化建筑

在修建楼宇、房屋、高速公路、桥梁等建筑之前可先使用数字孪生技术完成工程的数字化建模，然后通过输入各种钢筋、混凝土、建筑结构等数据利用建筑的数字孪生体进行评估、预测实体建筑是否能满足需求、是否会有事故隐患等。

近年来，数字孪生技术正在以无声、无形的方式逐渐走进人们的生活，越来越虚实对应、虚实融合，应用也越来越广泛。

1.4.6 数字孪生在不同环节的形态

数字孪生在应用中必须要以实际的产品为载体，以实际产品的生命周期为依托，贯穿产品设计、研发、生产、销售、维护等全生命周期。在产品的不同阶段，数字孪生在应用时就形成了不同的形态，如图1-18所示。

图 1-18 数字孪生在不同环节的形态

1. 设计阶段的数字孪生

在产品设计阶段，数字孪生可以降低设计成本，增加产品设计多样性，检验不同设计最终实际成品的合理性，进而提升产品设计的准确性。

法国知名飞机制造厂商——达索公司就很好地在设计阶段应用了数字孪生概念，总结了用户非反馈信息，并以此为根据不断优化改进虚拟数字产品设计模型，最终反馈到现实物理产品中，使其战斗机的整体质量较优化前提升15%左右、相关资源浪费率降低了25%左右。

2. 制造阶段的数字孪生

在产品制造阶段，生产设备的参数设置合理性以及在不同条件下的生产能力通常决定了客户产品的品质和交付周期。数字孪生可以加快产品投产时间，加快产线生产速度，提升相关生产质量，降低产品生产成本。

例如，现在应用十分广泛的数字化生产线，在产品生产之前，工作人员就可以通过数字孪生生产线模拟不同参数、不同外部条件下的生产流程以及会遇到的问题，从而促进真实生产制造时达到相关工艺、工序要求并将生产利益最大化。在生产过程中，数字孪生体可以将实体设备状态、加工内容、设备和生产线的产量、质量、能耗等实时反馈。对于出现故障的设备，可以及时告警，并提醒工作人员告警位置以及提供告警解决方案。

3. 服务环节的数字孪生

从服务化维度上来看，数字孪生相继经历了服务经济、服务增值、服务增强等阶段。

在服务经济阶段，数字孪生以客户需求为中心，制造出满足客户要求的产品。

在服务增值阶段，数字孪生通过客户反馈以及大量数据经验积累给出产品的增值服务项。

在服务增强阶段，数字孪生通过产品迭代、运维数据更新可分析提供出更适合用户需求的产品、更标准的服务方式。

目前数字孪生技术整合物联网、大数据、人工智能、数据三维可视化和虚拟仿真技术在各个行业上得到广泛应用。

1.5　数字孪生应用的关键技术

通过数字孪生的定义以及其在各个行业的应用，可以简单地把其所需要的技术做如图1-19所示的架构。接下来，本节将简单地介绍一下数字孪生所涉及的几种关键技术。

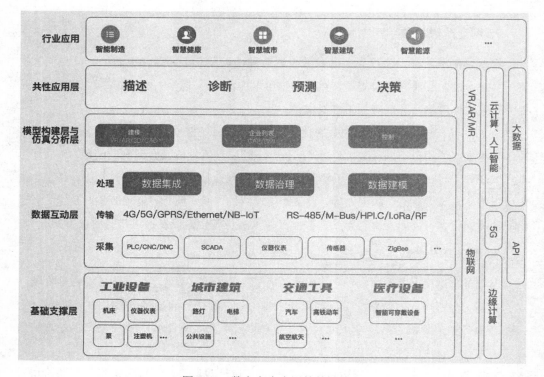

图 1-19　数字孪生应用的关键技术

1.5.1　物联网

物联网（Internet of Things，IoT）是指借助信息传感器、射频识别技术、全球定位系统、红外感应装置、激光扫描装置等设备与技术，达到实时采集所有需要相互连接和相互作用的物体的目的，收集其声、光、热、电、力学、化学、生物、地点等各种必要的信息，并通过各种可能的网络实现物与物、物与人的广泛连接，实现对访问对象和访问过程的智能感知、智能识别和智能管理。物联网是一种建立在互联网和传统通信网络基础上的信息媒介，让所有可以独立寻址的普通物理对象形成一个可以相互连接的网络。

为了实现数字孪生，必须使用物联网技术将来自物理设备的实时数据反馈到数字孪生系统，以便在虚拟空间中执行模拟。换言之，感知物联网的各种技术是实现数字孪生的必要条件。

1.5.2　5G 技术

5G（第五代移动通信技术，5th Generation Mobile Communication Technology）是具有高速率、低时延和大连接特点的新一代宽带移动通信技术，是实现人、机、物互联的网络基础设施。

5G技术包含5G无线关键技术、5G网络关键技术，能满足灵活多样的物联网需要，支持部署各种差异化业务场景，目前已经逐步应用在工业领域、车辆网与自动驾驶领域、能源领域、文旅领域等。如果说物联网是实现数字孪生的必要条件，那么5G就是它们之间的桥梁。

1.5.3　VR/AR/MR

1. VR

VR（虚拟现实，Vitual Reality）是虚拟与现实的结合。从理论上讲，虚拟现实是一种计算机模拟系统，可以让用户创建和体验虚拟世界。它使用真实世界的数据，通过计算机生成的电子信号来生成模拟环境。模拟环境实际上既可以是真实的物体，也可以是肉眼不可见的物质。这种模拟环境结合了多种输出设备，让用户沉浸在环境中。这些现象之所以被称为虚拟现实，主要是因为它们需要用计算机技术来模拟。

VR的发展已经经历了4个主要阶段，如图1-20所示。

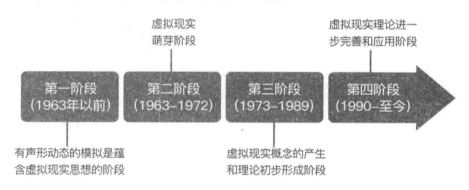

图 1-20　VR 发展的 4 个主要阶段

2. AR

AR（增强现实，Augmented Reality）技术通过仿真处理，将真实世界中的环境或现象和虚拟出来的事物相叠加，使二者能够在同一画面以及空间中同时存在并有效应用。图1-21所示为AR在车载系统中的应用。

图 1-21　AR 在车载系统中的应用

3. MR

MR（混合现实，Mediated Reality）技术是虚拟现实技术的进一步发展。该技术通过在现实世界中呈现有关虚拟场景的信息，在现实世界、虚拟世界和用户之间创建交互式反馈信息循环，从而增强了用户体验的真实感。

从主观体验上来说，VR、AR、MR是依次递增的关系。VR仅仅是虚拟的数字画面，让用户有关于视觉、听觉和触觉的模拟。AR和MR比较接近，是有关于现实与虚拟数字画面的结合，也就是都包含真实和虚拟的事物，但是AR技术是利用了棱镜折射原理产生的光学影像，所以其视角比较小，同时也相应地降低了清晰度；MR则不然，它充分结合了VR和AR技术的优点，能带给用户较好的体验。

随着社会生产力的不断发展和人类生活物质水平的提高，虚拟现实技术被越来越多地应用在各个领域，数字孪生就是其中之一。在实现数字孪生的过程中，必须要采用一定的技术手段构建虚拟现实体，而这正是VR/AR/MR的强项。

1.5.4　API

　　API（应用程序接口，Application Programming Interface）是预定义的接口，提供了一组应用程序和开发人员可以基于特定的软件或硬件访问的例程，而无须访问源代码或了解内部工作机制的细节，通俗来讲就是可以通过API接口获取到另一个程序或者将数据应用于需要的项目里。

　　数字孪生需要构建虚拟数字孪生体，并且实时获取真实物理环境中的数据，这就要求真实设备应用通过API接口应用到孪生体中进行展示、分析。

1.5.5　大数据

　　大数据（big data）是传统软件工具无法在特定时间段内捕获、管理和处理的数据集合。它是大规模、高增长率和多样化的，需要更强的决策、分析和发现能力，是用于工艺优化的新处理模式。简单地说，大数据就是海量数据。通过多渠道快速获取多种类的海量数据，挖掘有价值和潜在的信息，合理运用，最终以低成本创造高价值。

　　从数字孪生和大数据的概念可以看出，这两个技术都是以数据为基础的，数据采集都是二者不可缺少的环节，不同的是数字孪生技术更强调优化，大数据更强调分析；一切优化都要建立在分析的基础上，故大数据也是数字孪生应用中的关键技术之一。

1.5.6　云计算

　　云计算（cloud computing）是一种分布式计算，通过“云”网络将一个庞大的计算机数据处理程序分解成无数个小程序，然后经过多个服务器组成的集成系统进一步加工、处理和分析这些小程序，最终将其计算结果返回给用户。云计算的早期只是简单的分布式计算，解决了计算程序的分工问题，整合了计算结果。因此，云计算也被称为网格计算。这项技术可以在短时间内（几秒钟）处理数以万计的数据，从而获得强大的网络服务。

　　简单来说，云计算的核心就是以互联网为中心，提供快速安全的云计算服务和网站数据存储服务，为每个使用互联网的人提供海量的计算资源和网络数据。数字孪生应用需要处理大量数据和相应的业务逻辑，随着云计算的加入这些任务变得更安全、更省钱。

1.5.7　人工智能

AI（人工智能，Artificial Intelligence）隶属于计算领域，试图了解智能的本质，并创造出一种能够以与人类智能相同的方式做出反应的新型智能机器。该领域的研究包括机器人工程、语音识别、图像识别、自然语言处理系统和专家系统等。简单来说，人工智能就是要创造像人类一样工作和反应的智能机器。

人工智能与传统意义上机器人的主要区别就是它可以学习，可以从被动接受指令、被动模式化、固定化的实行指令到自主分析、决策，最终根据现实情况执行不同的动作。其实，人工智能就是大数据、云计算的应用场景。在数字孪生应用中，要通过海量数据分析反向控制现实社会，所以人工智能尤为重要。

1.5.8　边缘计算

边缘计算（Edge Computing）是将网络、计算、存储和基础应用功能集成在事物或数据的近源端的开放平台，为相关业务提供就近服务。其应用程序在边缘启动，生成更快的网络服务响应，满足实时业务、智能应用、安全和隐私保护的基础行业需求。边缘计算位于物理实体和工业连接之间或位于物理实体的顶部，与此同时，云计算也可以访问历史边缘计算数据。

从根本上讲，边缘计算就是让程序与其相关的数据更加接近采集设备，这样就可以减少对距离较远的中央设备的依赖性，保证历史数据、实时数据或其他基础数据都可以以更快、更好的方式处理和储存，这也是数字孪生应用的重要基础。

1.6　本章小结

本章介绍了当前数字孪生的相关概念、定义以及典型特征，从数字孪生概念的萌芽、诞生和近期主要发展方向做了简单介绍，从各行业角度以及通用性角度浅析了数字孪生的主要意义，概括了当前数字孪生的主要应用领域以及所需的关键技术。数字孪生作为新兴技术，目前已经得到了众多学者、企业乃至国家的广泛关注和认可。数字孪生技术的研究在逐渐加深，相信在不久的将来数字孪生技术将给人类社会带来颠覆性改变，带领人类进入一个新的科技纪元。

第 2 章
数字孪生在数据中心中的应用概述

近年来，数字孪生技术逐渐应用于数据中心，实现了数据中心的虚拟模拟以及相关数据中心运营阶段的数据分析，为管理者在IT运营中的决策提供了有效信息，实现了数据中心可视化管理，有效地提高了数据中心资产使用效率以及数据中心的节能化管理。

2.1　数据中心现状浅析

随着互联网的快速发展，人们可以利用互联网快速处理各种事务，在日常生活和工作中享受各种网络服务。基于这个需求，我们对数据中心的发展提出了更高的要求，特别是近年来随着云计算技术的发展数据中心的建设达到了新的高度。本节先介绍一下数据中心的相关内容。

2.1.1　数据中心的定义和发展现状

1. 数据中心定义

互联网数据中心（Internet Data Center，IDC）是全球协作的特定设备网络，在Internet网络基础设施上传递、加速、展示、计算、存储数据信息。通常被用作单位或者组织集中放置计算机系统或者通信、数据储存的基础设施；也可以用来出租给其他公司使用。

数据中心主要由基本环境、IT设备、软件系统和应用支持平台组成。基本环境是指数据中心大楼、机房等的配线，包括电力系统和冷气系统、安防门禁系统、监控系统等；IT设备主要包括核心网络设备、网络安全设备、服务器等；软件系统包括服务器操作系统软件、虚拟化软件、IaaS服务管理软件、数据库软件、防病毒软件等；应用支持平台是指具有行业特征的统一软件平台，可以集成异性系统，交换数据资源。数据中心基本实例如图2-1所示，数据中心基本内部场景实例如图2-2所示。

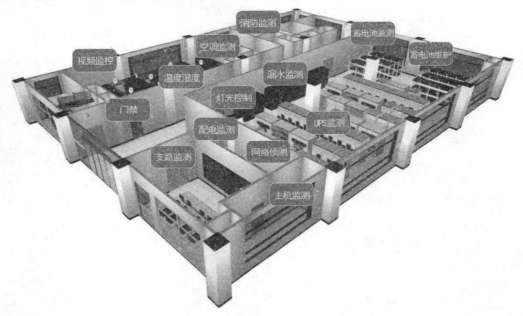

图 2-1　数据中心基本实例

图 2-2　数据中心基本内部场景实例

2. 数据中心等级及分类要求

数据中心必须考虑在一定时间内满足带宽需求的成本、实用性、安全性以及稳定性，由此衍生的数据中心等级分类划分，根据国内、国际标准有着不同的标准。

（1）国内机房等级

按照国家《电子信息系统机房设计规范》标准，数据中心可根据机房选址、建筑结构、机房环境、安全管理、机房的使用性质及场地设备故障导致电子信息系统运行中断在经济和社会上造成的损失或影响程度分为A、B、C三级。国内数据中心分类展示如图2-3所示。

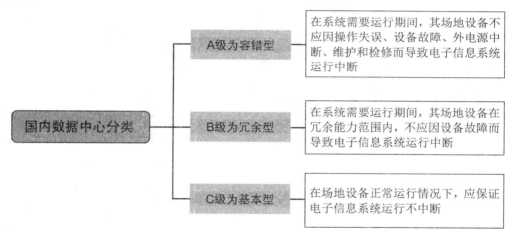

图 2-3　国内数据中心分类展示

（2）国外机房等级

根据国外标准规范TIA-942标准，按照数据中心可正常运行的时间情况将数据中心划分为T1、T2、T3、T4四个等级。数据中心的等级越高，对中心内的设施要求就越严格。国外数据中心分类如图2-4所示，描述国外数据中心T1-T4等级对基础设施的要求。图2-5中展示国外数据中心等级指标下的可用性指标。

（3）国内外机房等级对应关系

通过可用性、冗余数量对国内、国外数据中心标准进行的比较，可发现国内外标准的描述存在着对应关系，如图2-6所示。

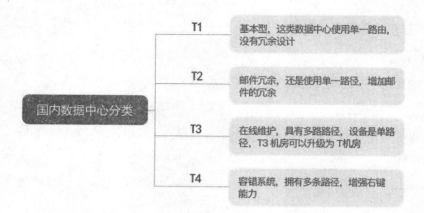

图 2-4　国外数据中心分类

	T1	T2	T3	T4
可用性	99.671%	99.749%	99.982%	99.995%
年宕机时间	28.8小时	22.0小时	6小时	0.4小时

图 2-5　国外数据中心等级指标下的可用性指标

图内标准	图外标准	性能需求
A	T4	场地设施按容错系统配置，在系统运行期间，场地设施不应因操作失误、设备故障、外电源中断、维护和检修而导致电子信息系统运行中断
	T3	场地设施按同时可维修需求配置，系统能够有计划地运行，而不会导致电子信息系统进行中断
B	T2	场地设施按冗余要求配置，在系统运行期间，场地设施在冗余范围内，不应因设备故障而导致电子信息系统运行中断
C	T1	场地设施按基本要求配置，在场地设置正常运行情况下，应保证电子信息系统运行不中断

图 2-6　国内外数据中心的对应关系

2.1.2 数据中心的发展现状

1. 新基建规划中包含数据中心的相关内容

《中国数据中心行业市场需求与投资战略规划分析报告》中指出，数据中心的机架数总数量已经从2018年的226.2万架增加到2019年的288.6万架，后续还将继续保持增长；在业务营收方面，2019年中国IDC业务的总体营收达1132.4亿元，同比上升32%。在2020年4月，数据中心的发展与建设被政府明确纳入新基建的范围，这将有利于数据中心整体稳步发展。近年来数据中心的市场规模如图2-7所示。

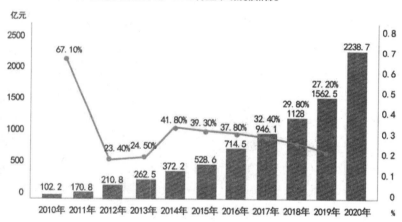

图 2-7 数据中心的市场规模

2. 互联网企业是数据中心的主要刚需客户

数据中心的主要客户是互联网企业、云服务提供者、金融服务业、制造行业、政府机关等。大型IT互联网企业，如BAT、京东、拼多多等，拥有庞大的数据量和终端用户，对数据稳定、网络安全等有较高的要求，这就对数据机房有了更高的需求。大型金融企业一般都有自己的数据中心，同时也会同一些中小数据中心进行长期合作，这些数据中心都有丰富的运营维护经验，有IDC服务提供商及T3级以上的机房，可以用这样的数据机房进行备用。政府机构和制造业的数据中心数量多、规模小，并且有"数据不出省、不出市"的规则，数据中心一般都在当地建设。数据中心的客户结构如图2-8所示。

图 2-8　数据中心客户结构图例

3. 电力成本为数据中心主要成本支出

数据中心支出的总成本（TCO）分为建设成本（CAPEX）和运营成本（OPAEX）：建设成本是指前期建设所需的投资和折旧期后的再投资，通常是一次性投资；运营成本是指设备每月的实际运营成本，包括电费、折旧、房租、设备购买或者租赁费用和工作人员的工资。对IDC服务商而言，电力成本占整体运营支出的一半以上，能否有效降低数据中心的能耗是从业者比较关心的事（第3章将介绍如何通过数据分析降低数据中心运营阶段的能耗）。数据中心建设成本结构如图2-9所示。

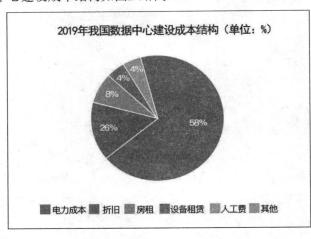

图 2-9　数据中心建设成本结构

2.1.3　数据中心的能效指标

当前我国的数据中心虽经历了较为迅猛的发展，但是还未建立统一的指标体系，缺乏相应的评价标准。不同的数据中心之间的能效结果缺乏可比性。

1. 数据中心能耗组成

在确定数据中心能效评价指标内容前，要明确数据中心是由哪些配套设施组成并进行工作的。众所周知，数据中心的电能消耗主要由制冷设备、IT设备、供配电系统和照明等其他消耗电能的设备组成，如图2-10所示。

图 2-10　数据中心能耗组成

（1）制冷设备：数据中心内的IT设备需要在最宜温度下运行，所以其所需温度要有严格控制，实际上天气是千变万化的，为了保证IT设施良好运转，需要建立完善的配套设施，即制冷设备，主要是精密空调、BA系统等。

（2）IT设备：包含用来计算、存储、网络连接、IT支撑等不同类型的设施，主要是服务器、交换机等。

（3）供配电系统：主要是用来维持数据中心正常、安全、可靠运转的电力系统，并且在市政断电时可启动的临时配电系统，主要包括UPS、配电柜、电池等。

（4）其他消耗电能的设备：包括数据中心照明设备、安防设备、消防设备和传感器设备等。

以上都是数据中心能耗组成的重要部分，也是下面4个能效评价指标的重要依据。

2. 数据中心能效评价指标

结合国内数据中心十几年的发展情况与国外对数据中心能效评价的相关研究成果，通过数据中心能耗构成来看，数据中心的评价指标主要分为4个方面（见图2-11）：电能利用效率（Power Usage Effectiveness，PUE）、局部PUE（Partial PUE，pPUE）、制冷/配电负载系数（Cooling/Power Load Factor，CLF和PLF）和可再生能源利用率（Renewable Energy Ratio，RER）。

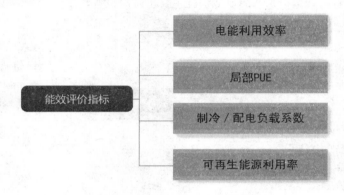

图 2-11　能效评价指标

（1）PUE

PUE=数据中心总耗电÷IT设备耗电。数据中心总耗电是数据中心内所有IT设备耗电总计，IT设备耗电是当前计算范围内所有IT设备耗电总计。就数据中心能耗消耗组成来说，数据中心内IT设备的耗电才是有效电能消耗，所以IT设备耗电在数据中心总耗电中的占比越大，数据中心能效利用率越高。国内外的数据中心基本都是采用PUE作为衡量数据中心能效的指标，通过用它来定义数据中心中有多少能效真正地用在数据中心IT设备上。通过计算公式来看，PUE的取值范围为1.0~∞，可通过PUE值来判定数据中心的能效指标大小。

（2）pPUE

pPUE是PUE概念的衍生，是某个空间或单个机房评价和分析的能效指标。例如，某个数据中心中的一个机房有非IT耗电设备N0、N1、N2和IT耗电设备I1、I2，那么此机房的pPUE值为（N0+N1+N2+I1+I2）÷（I1+I2），pPUE用于反映数据中心的部分设备或区域的能效情况，其数值可能大于或小于整体PUE。

（3）CLF 和 PLF

CLF是制冷负载系数，被定义为数据中心的制冷设备与IT设备之间的能耗关系。CLF=空调装置的耗电÷IT设备消耗。PLF是配电负载系数，定义数据中心的配电系统与IT设备之间的能耗关系。PLF=配电系统的能耗÷IT设备的能耗。CLF和PLF是对PUE指标更深层次的补充，可以进一步分析制冷系统和配电系统的效率。

（4）RER

RER是数据中心可再生能源利用率，监测数据中心可再生能源的使用状况能促进可再生能源的使用。RER＝可再生能源÷数据中心的总能量消耗。一般来说，可再生能源是指自然界中可以循环利用的能量，包括生物质能、地热能源和海洋能源等。可再生能源对环境无害或危害极小，资源分布广泛，适合当场开发利用。

上述的四大指标是当前在国内外数据中心中最有效测评能耗消耗的基本指标。

2.2　数字孪生在数据中心的应用场景

数字孪生技术如何应用到数据中心的运营发展，又在数据中心的设计与发展阶段起到怎样的作用呢？本节将在数据中心的设计阶段与运维阶段应用数字孪生技术进行解析。

2.2.1　数字孪生在数据中心设计阶段的应用

在数据中心设计阶段主要采用三维建模技术手段，通过CAD软件、BIM软件、CFD软件等工具构建数据中心的数字化模型，再通过仿真和模拟技术在数字模型上进行可调节、可变参数、可重复、可加速的仿真实验，输出不同场景下的合理设计方案，最终提高现实中数据中心的设计效率，优化相关设计方案。在数据中心设计阶段使用数字孪生技术可让投资方付出较低的成本，得到较高的回报，利益得以最大化。目前，数字孪生技术在数字中心设计阶段的应用越来越广泛、越来越成熟。以图2-12为例，采用CAD技术构建虚拟数据中心模型，然后通过能耗、温度、气流等数据的算法模型优化该模型，最终从众多的实验中获取最优策略应用到实际建设中，既满足设计需求，又节约内在成本。

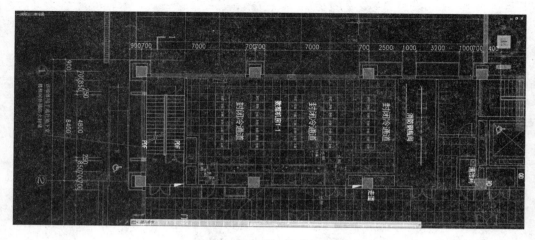

图 2-12　CAD 模型布局

在设计阶段，数据中心除了会分析布局以外，也会尝试整合一些动力、环境失效的方案以保障整个系统无设计缺陷，并为未来可能发生的状况或时间进行前期预演。设计阶段的数字孪生模型如果能被数据中心运维人员延续使用，就将极大地提高模型使用效率，为后续的模型优化提供更多的数据支撑，使数字孪生体更加完整。

2.2.2　数字孪生在数据中心运维阶段的应用

1. 数据机房可视化

数据机房可视化由机房3D模型、资产配置孪生、线路连接孪生、机房容量孪生、监控门禁系统孪生、汇报展示等孪生模型组成。

利用数字孪生技术虚拟构建数据中心机房的物理环境，模拟从数据中心的园区、机房、机柜、IT设备等组成的3D模型，再将机房中IT设备或者基础设施的基本配置信息嵌入数字孪生系统中。相关的配置信息可以由任何可见物理设备找到，相关设备也可以通过任何配置信息完成资产配置的显示。配置信息嵌入后，系统内即可将相应的位置信息与资产信息进行管理，此时就可以搭建出机房容量模型。机房容量模型根据机房柜的剩余空间、配电盘的电气情况自动生成服务器设备的设置位置信息，预测并分析服务器的电力消耗量和设置的U号、机房的设置规则，以及机房的空间、电力消耗量、冷气量和安装后的温度场。数据机房可视化不仅是由机房3D模型、资产配置孪生、线路连接孪生、机房容量孪生、监控门禁系统孪生、汇报展示孪生等模型组成的，线路连接、监控信息以及其他汇报展示信息等也是机房数字孪生的重要组成部分，下面介绍几个重要的部分。

- 线路连接孪生：采用配套系统管理建立线路连接或者对接其他平台管理信息，将机房内的相关线路做可视化展示，同时可在可视化时查看相关设备端口信息。
- 监控门禁系统孪生：可以集成数据中心内外的监视系统和接入控制系统，虚拟控制包括综合网络管理监视、电源监视、动态电路监视、大楼自动化、安全监视、消防等监控系统和门禁系统。24小时保护数据中心的安全运行。
- 汇报展示：整合上述孪生手段，提供一个可以对单一场景或者多个组合场景进行可视化展示、满足多维可视化需求、实现数据中心的3D模拟展示汇报，如数字中心展厅、机房实景数据、故障演练等。机房的数字孪生可为设备布局、温湿度控制、容量规划、运维操作等提供指导。

2. 数字孪生应用在数据中心制冷系统

降低能耗能效指标是指降低数据中心能效指标的PUE数值，这一直是各个数据中心想要解决的难题。在数据中心的能耗消耗构成中，除了IT设备消耗以外，制冷系统能耗占比最高，即降低制冷系统的能耗也可降低PUE的数值。各种节能设备和技术应运而生，比如间接蒸发冷却AHU、液冷都是目前节能效率较高的技术，也有较多应用案例。

人工智能、机器学习等技术也在被广泛研究和应用。谷歌就有成功的案例，2017年它将机器学习技术应用到数据中心节能中，经过对大量运行数据的机器学习和使用，2018年节能达30%，效果显著。国内很多厂商也相继投入类似的研究中，并推出相关产品，总结起来就是引入3D 模型、制冷系统模型算法，形成一套可视化的制冷系统的PUE能效模型，如图2-13所示。

制冷系统的PUE能效模型不仅包含深度学习神经网络模型，也包括气候、数据中心IT负载等外界因素的输入。数字孪生是一个双向的过程，在制冷系统的PUE能效模型中也不例外。另外，制冷系统通过多个传感器将收集的数据发送到虚拟数字空间，实时更新节能模型PUE。PUE功能模型可以基于期望的实际PUE值来检索可达到PUE值的各种输入参数。根据相关约束条件生成每个系统的最佳调整值，最终达到PUE值。调整值主要包括冷却塔的开启台数和风扇的转速、各种冷却泵、冷却泵的开启频率、冷却机的运转状态等。数字孪生的基础源于数据，故数据中心模型的准确性取决于样本的数据量：样本的数据量越大，构建的数据机房模型越准确。为了获得大量的数据样本，我们需要对不同的数据中心设置相同的输入和输出变量。通常这些输入变量包括表征系统实时负载的变量、表征冷却系统运行的控制变量以及表征环境的变量，例如IT设备发热能功耗、空调送回风温湿度等；输出变量一般可设置为PUE最低值，并且约束IT设备进风温度不超过设定的温度（一般可以为27℃）。这样，通过大量的运行样本可以构建输入变量与输出变量间相应的数字模型，再根据对应的目标值以及约束条件获得最佳的各系统设定值，从而达到节能减排的愿景。

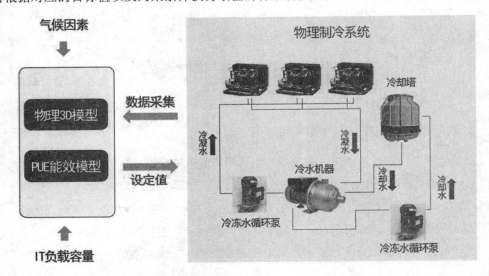

图 2-13　数字孪生运用在数据中心的制冷系统

3. 智慧数字中心3D化建设

数字孪生技术已经广泛应用于实际的生产生活中，特别是在智慧城市的管理应用。借鉴相关经验，可在数据中心进行3D可视化建设。在建设数字化数据中心时可依次进行数字化园区模型、暖通模型、安防系统模型、弱点模型、线路管道模拟模型、智能服务和决策模型。其中，弱点模型可借鉴已经成熟的智慧城市中的智慧楼宇或者智慧园区等相关系统中涉及的成熟模型。以上的各个模型构成了智慧数据中心的基础。在此基础上，可再升级增加制冷系统、配电系统、智能化运维系统的数字化模型进入数据中心的数字化系统中，不断完善整个数字化体系，为定期自动生成优化运行的建议提供决策参考。数字孪生技术是一个崭新的领域，上述应用场景的分析十分粗浅。客观地讲，数据中心基础设施及机房专业领域的人员在这方面的知识和技能的储备还十分欠缺，现阶段需要从业者及时学习储备数字孪生相关的知识。

2.3　动环监控系统

前面已经讲解过数据中心的构成以及相应的评价指标，在实际的运行管理过程中，为保证机房动力系统、环境系统、消防系统、保安系统必须时刻处于稳定正常受控状态，因此要对数据机房进行整体的实时监控，便于及时发现存在的安全隐患，动环监控系统应运而生。顾名思义，动环监控就是对机房的动力（市电、UPS蓄电池）、环境（温湿度、漏水、气体等）进行监控。一个相对完善的动环监控系统能够实现对多种动力设备、环境监控设备的各个状态进行监控，并且能够及时采集相关数据，切实对数据机房内部设备、系统、环境实时监控，并可以依据获取到的数据进行判断，对有异常的情况或事件触发告警，提高机房管理的智能化、自动化，并为机房运维人员的管理提供有力的数据与技术支持。动环监控系统是构建数据中心数字孪生体的主要数据来源。

2.3.1　动环监控系统的构成

动环监控系统是根据数据中心设计规范来进行设计的，由多个部分组成，各个部分协调、稳定地工作，以保证数据中心有效正常工作。除此之外，还有告警、报告、分析等其他组成部分。动环系统构成如图2-14所示。

从系统构成上区分，动环监控系统由电力、环境、安保、服务器及网络设备监测部分组成，如图2-15所示。

（1）电力部分：市政电力输入、配电开关、精密配电柜、UPS、蓄电池组共同组成了数据中心所需的电力系统，在正常维持数据中心的电力输出外，也常有备用电池储备，备用15～30分钟的意外市政电力断电情况，保证电力抢修。也可以在所需的空间或者设备上进行电力消耗监测等，监测整体或者局部电力能耗。

（2）环境部分：数据中心的环境系统是由空调制冷系统、新风环境系统、温湿度感应器、漏水监测系统、雷电保护系统等组成的。系统可对各个系统的运行参数和状态进行监测；可远程进行系统设备的开关状态调整以及参数系数的设定；可对数据中心内重要区域的温湿度的数值变化进行实时查看以及监测报警，来维持数据中心的最佳运行状态；系统可通过漏水监测查看空调下方的泄漏情况，并在监控系统平台有直观的动态显示。

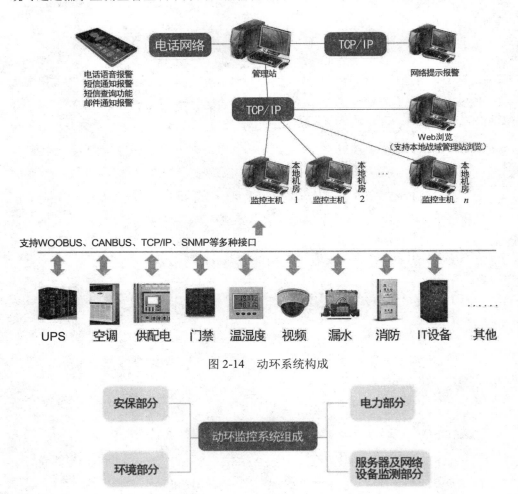

图 2-14　动环系统构成

图 2-15　动环监控系统组成

（3）安保部分：数据中心安保系统多数由其他三方系统对接，也可自行开发，包含门禁管理系统、视频图像系统、消防控制箱提供的干接点火警信号、防盗系统等，实现了数据中心的出行管理、机房区域的实时图像、视频录像以及消防管控。

（4）服务器及网络设备监测部分：服务器相关检测包含系统相关信息（进程数、运行时长、名称、描述信息、域名）、物理内存/虚拟内存/硬盘使用情况、网卡状况、服务系相关信息（名称、服务器CPU使用率）；网络设备监测路由器状况、电源状态、端口信息、流量以及活动参数变化、宽带参数CPU内存的使用状态；监控的交换机参数，包括电源状况、故障状况、端口连接情况、端口连接速率；通过办公室或者监视区域的大画面和液晶电视实时确认机房监视画面的内容，让管理者随时掌握机房的运行状况。根据系统功能描述，动环监控系统由以下功能组成，如图2-16所示。

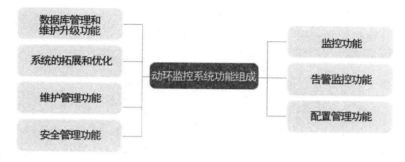

图 2-16　动环监控系统功能组成

① 监控：上面提及的部分可以根据不同需要设置监控，再利用动环系统进行接入或对接。在保障性能的前提下，还要对基础设备和环境信息进行监控，方便实时数据传输和预警信息告警。监控系统的图形界面具有灵活构造和功能组装的特性，支持用户自定义监控界面，让显示内容更贴近用户实际需求。

② 告警监控：根据系统设定，在触发不同情况时自动判别告警等级，根据设定的处理预案（如告警窗、声光告警、LED大屏显示、短信通知、告警存储等）完成相应处理；也可以在需要的场景下触发音频或者电话告警；还可以自定义告警功能，当出现告警时第一时间收到告警类别、级别信息。对于多点并发的情况，系统也可以第一时间多点并发告警。系统还支持告警屏蔽和过滤、电子故障派修及回执等功能。

③ 配置管理：超级管理员以及权限管理员能够个性化灵活配置权限，查看操作相应的页面信息。

④ 安全管理：支持查看操作日志记录（操作日志信息无法删除与更改），包括人员姓名、人员ID、操作日志类型、操作日志内容、时间等。

⑤ 维护管理：通过对设备系统的运维数据、操作日志记录以及设备系统的资料的分析与统计，对日常系统运维提供有效的数据支持。

系统的自定义个性化配置功能最大限度地结合历史数据，提供传统与丰富的图标报表，支持不同形式的报表展示，为日常系统运维管理提供有力支持。

⑥ 数据库管理和维护升级：可诊断分析设备故障的原因，对故障设备系统的修复、统计分析设备不同维度的数据、对设备故障的趋势进行预判与预防。

⑦ 系统的扩展和优化：用户可以更加直观地监控和查询操作，系统办公效率大大提升，管理功能更加便捷、完善。

2.3.2　动环监控系统的特点

机房动环监控系统主要用于实现机房各子系统的统一监视和维护。完整的综合环境监测系统可以收集各个分布式电力设备和机房环境以及机房安全监测对象的数据，实时监控系统和设备的运行状态和安全性、相关数据的记录和处理，及时发现故障，进行必要的远程控制和远程调整操作，及时通报员工对电源、空调、监控等系统进行维护，提高供电系统的可靠性和通信设备的安全性，为机房自动化管理提供强大的技术支持。因此，建立一个稳定可靠的机房监控系统具有非常重要的意义。一套完整的动环系统应该具备的特点，如图2-17所示。

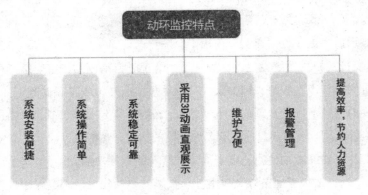

图 2-17　动环监控的特点

（1）系统安装便捷：系统兼容多种接口，硬件集成度高，便于对接；被监控设备的传感器直接端子插拔式安装，非常便捷。

（2）系统操作简单：B/S架构，客户可直接通过浏览器方便地管理整个动环监控系统。

（3）系统稳定可靠：采用工业级低功耗高稳定性CPU和嵌入式系统，软硬件稳定可靠。

（4）采用3D动画直观展示：机房以3D动画方式直接展示各个空间的布局、相应的容量情况、动力环境参数信息以及告警信息，画面直观。

（5）维护方便：工程维护人员可通过远程对系统进行在线升级和工程维护。

（6）报警管理：数据中心中的动力系统、温控系统、安防系统等重要环节对接到动环监控系统内，实现数据的实时监测，并可设置相应的预警值，及时发出相应告警信息，确保数据机房环境处于健康稳定的工作状态，为设备安全稳定运行提供有力保障。

（7）提高效率，节约人力资源：可对重要区域（机房）进行防盗、监控、对讲功能，确保机房的安防措施到位，可实现机房的无人化值守，节约人力，同时提升了工作效率。

随着数据机房的市场需求量日益扩大，机房的建设要求越来越高，传统的人工巡查、巡检方式已经无法满足机房的需求。动环监控系统完全能够满足动力配电、安全防护、场地环境的监控需求。

2.3.3　数字孪生与动环监控系统结合的应用价值

数据中心3D可视化系统在传统的数据中心基础上实现了可视化的功能；将多种复杂的管理系统信息聚集在虚拟仿真环境下，以最直观的理解形式展现，大幅度提升了信息交互和操控的效率，减少时间损耗和信息的浪费，保证信息的及时性和准确性；继而实现了数据中心端到端的IT可视化，强化IT管制手段和管理水平，包括缩短响应时间加速排障、提升资源利用率和运营效率过程，最终完成对数据中心高效、绿色、智能化运营；由此为数据中心科学决策有效管理打下坚实的基础。

1. 数据中心可视化建设

（1）数据中心可视化

基于三维建模技术对数据中心园区、建筑、楼层、机房、机柜列布局进行立体化展示，对接设备采集系统、视频监控系统、门禁系统、BA系统等构建数据中心设备可视化模型，并整合各类数据资源，实现对各类空间、设备、关键测点数据的直观展现形式，最终达到对数据中心各类数据的实时监控、预警和告警。

（2）资产可视化

通过构建数据中心数字孪生体，对接各类资产数据、实时测点数据，可直观通过可视化平台的三维建模查找到对应的设备配置信息以及当前状态信息，极大地节省了人工成本和管理时间，实现数据中心资产的可视化管理。

（3）配线可视化

构建设备端口模型，导入IT设施的接线数据即可通过数据中心可视化平台完成设备、线路、端口的一体化管线展示，并支持通过起/始设备、端口、线路名称、线路位置等信息进行查找，便于对线路的管理。

（4）机房容量可视化

通过集成数据中心数据可直观、立体地展示各机柜当前u位、承重、光口、网口、PDU配电端子的容量占用情况，让数据中心运维人员有效协调各种资源。

2. 数据中心监控子系统建设

虚拟数字孪生体模型集成数据中心各监控子系统，实现数据中心全数据的一体化展示。通过虚拟数字孪生体与物理实体的虚实交互，实现数字模型对设备的反向操作与控制。

（1）动环监控系统

动环监控系统主要提供了电力检测、环境检测、设备监测等。对于数据中心而言，电力系统就像是心脏对于人体那样重要，配电柜、UPS主机、蓄电池等为数据中心的安全运营提供了主要动力。动环监控系统主要监测各电路开关状态、电压、电流、温度等数据，保证配电设备的稳定运行。数据中心里的各类设备对环境要求较高，故温湿度检测、气体检测、漏水检测就显得额外重要。此外，数据中心的各类设备运行状态、实时数据的采集与监测也是动环监控系统的主要功能。动环监控系统导图如图2-18所示。

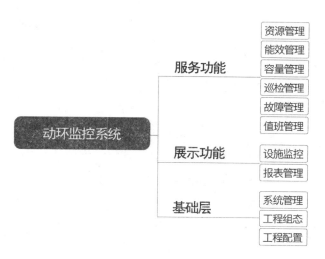

图 2-18　动环监控系统导图

（2）安防监测系统

数据中心的安全防范是一项十分复杂的系统工程，需要从物理环境和人为因素等方面来考虑。从物理环境方面来说，安防监测系统可在三维可视化模型中展示数据中心消防设备布局、烟感探测器、红外热能探测器设备实时数据，对消防异常情况及时通报并告警；从人为因素来说，安防监测系统可在三维可视化模型中展示各个门禁的人员出入情况，也可随时调取查看各个监控摄像头内容，对异常入侵行为及时发现、及时告警、及时处理。安防监测系统假想图如图2-19所示。

图 2-19　安防监测系统假想图

（3）告警处理系统

对接各类物联网传感设备，当物理实体有异常事件发生时，系统可在三维可视化模型中高亮、闪烁显示，并伴有告警提示音，从多方面、多角度提示运维人员，以保证数据中心的安全运行，如图2-20所示。

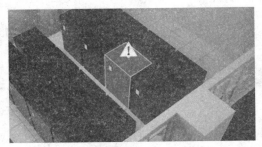

图 2-20　告警示意图

（4）AR运维

系统将AR技术与BIM三维建模技术相结合（见图2-21），可助力数据中心的日常巡视和运维工作：通过AR技术实现对被检查设备关键信息的捕捉，再与后台数据进行比对核查，及时将有问题的设备反馈给运维人员，并能准确告知其故障位置，甚至可以提供抢修路线的最优路径导航，让运维人员尽快找到故障设备。

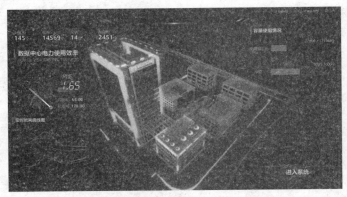

图 2-21　AR运维图

（5）人工智能算法模型

除了数据的可视化展示外，数字孪生的另一个关键点就是智能算法模型（见图2-22）——它就像是数据中心的大脑，为其安全、低耗运行提供相关决策。系统提供了多种数据中心相关算法，包括故障算法诊断模型、健康度评估模型、绿色能耗模型等。其中，故障算法诊断模型通过各数据中心大数据的积累，对当前发生故障的数据进行智能诊断，判断故障原因和故障源头，结合相关知识提出解决方案；健康度评估模型结合数据中心的全生命周期进行预测性维护，让系统故障或检修时间大为减少；绿色能耗模型通过采集设备的数据反馈分析演算出数据机房最优的节能方案，例如根据能耗模型的分析、在服务器运行较少的时间段、空调系统可减少送风冷量输出来节约能耗。

图 2-22　人工智能算法模型图

综合来说，基于数字孪生技术可实现数据中心可视化智慧运维，通过物联网采集设备对数据中心各个物理实体要素进行实时监测和动态展示，再结合历史多维大数据分析对设备的状态、性能等情况及时进行分析预测，为运维人员的工作输出指导性数据。

2.4　本章小结

本章主要介绍了当前数据中心发展的基本现状，并简单概括了当前数据中心生产运营过程中国内外的4个基本能耗评价指标。针对数据中心的能耗，分析如何利用数字孪生技术与实际情况相结合，在真实场景中做到节能减耗。最后，通过介绍现在大多数数据中心都在使用的动环监控系统以及它本身的特点来讲述数字孪生技术如何与动环系统相结合，实现数字中心的数字化、场景化、智能化管理，真正做到节约人力、低耗运行、健康发展。

第 3 章

数字孪生在数据中心
项目中的数据分析

构建数字孪生体需要获取数据并分析预测，能否通过数据分析有效降低数据中心能耗是从业者特别关心的事。本章将对数据中心能效优化数据模型进行介绍，主要包括三大方向：一是模型的基础技术，即机器学习中的神经网络；二是数据模型生成，涉及数据的采集和模型的建立、训练等；三是数据模型对机房能耗方面的帮助。从基础层面、实践层、影响层让读者对数据模型在数据中心能效优化方面有一个全新的认识。

本章使用的代码均为Python代码，版本为3.7.4，可自行从Python官网下载，使用的第三方包版本如下：

```
jupyter==1.0.0
Keras==2.4.3
matplotlib==3.4.2
numpy==1.19.5
pandas==1.2.3
tensorflow==2.5.0
sklearn==0.0
```

3.1　神经网络概述

本节从神经网络的基本概念、起源、模型及应用领域等方面进行详细介绍，使读者对神经网络有一个大致的了解。

3.1.1　基本概念

在人工智能领域，神经网络是指由许多简单人工神经元连接而成的复杂网络结构模型。这些简单人工神经元之间的连接可以理解为桥梁，这些桥梁是有强度的，可以训练来增加强弱，类似于桥梁变宽或变窄。这样的组织能够模拟生物神经系统对真实世界物体所做出的交互反应，与数据孪生不谋而合。

虽然说人工神经网络是由大量简单人工神经元相互连接而成的网络，但是该网络具有非线性特征，能够进行复杂的逻辑操作和非线性关系实现的系统（比如后面讲到的使用人工神经网络解决异或问题），所以引起了各个科学领域的重点关注。神经网络在运行时的分布并行能力、智能化能力、高容错性等能力也是各个领域关注的原因。

人工神经网络的这种网络结构并不是凭空而来的，而是对生物神经网络的模仿。生物神经网络是由多个生物神经元互相连接而成的，可以对复杂的内容进行学习。后面的3.1.2节会详细地对生物神经网络中人脑神经网络进行讲解，这里先对人工神经网络进行详细说明。

上文已经说过人工神经元之间的连接是有强弱的，是神经网络的核心，表示为权重。不同神经元之间的连接被赋予不同的权重，每个权重代表一个神经元对另一个神经元的影响大小，而每个神经元代表一种特定的函数，来自对其有所关联的神经元的信息经过相应的权重综合计算输入到当前这个特定函数中得到一个新信息。所以说人工神经元网络是由大量人工神经元通过丰富的交织连接而构成的自适应非线性动态系统。图3-1是两个隐藏层的神经网络结构，每条蓝线代表上一层对其影响的权重值。

创造一个人工神经网络模型是很容易的，但是让其具有学习能力并能达到我们的要求是一件非常困难的事情，初期神经网络模型是不具备学习能力的。首个拥有学习能力的人工神经网络是赫布网络，采用的是一种基于赫布的规则，该规则是加拿大心理学家Donald Hebb在1949年《行为的组织》一书中提出的：

当神经元A的一个轴突和神经元B很近时，足以对它产生影响，并且持续、重复地参与对神经元B的兴奋，那么在这两个神经元或其中之一会发生某种生长过程或新陈代谢变化时，以致神经元A作为能使神经元B兴奋的细胞之一，它的效能加强了。

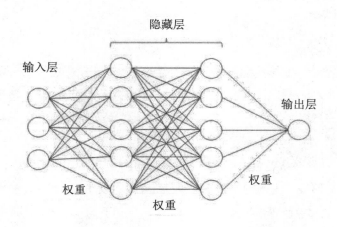

图 3-1　人工神经网络结构

使用该规则可以使人工神经网络拥有学习能力。感知器就是通过前向传播称为最早具有机器学习思想的神经网络，但其学习方法无法扩展到多层的神经网络上。直到1980年左右，提出反向传播算法才有效地解决了多层神经网络的学习问题，并成为主流神经网络学习算法。

人工神经网络可以作为一种映射函数（一个两隐藏层的神经网络可以模拟任意的函数），因此我们可以将人工神经网络看作一个可学习的函数。在机器学习中正是因为需要有学习能力，通过多次训练来学习并修正最终的学习结果来达到我们期望的结果，所以将其应用在机器学习中。

3.1.2　人脑神经网络

人类大脑是人体最为复杂的器官，由大脑、小脑、间脑、脑干组成，再分解，其内部是由神经元、神经干细胞、神经胶质系统和血管组成的。其中，神经元也叫神经细胞，是神经系统的基本结构和功能单位。它可产生冲动和传导冲动，是传输和携带信息的细胞。人脑神经系统是一个庞大又非常复杂的组织，据官方统计约有860亿个神经元，每个神经元包含上千个突触与其他神经元相互连接，这些神经元连接可以形成网络，但是神经元的突触较多，形成的网络可以说是非常巨大而且复杂的，连接的总长度可达数千千米，这个比人类设计全球计算机网络更为复杂。

突触可以理解为神经元与神经元之间连接的桥梁，通过桥梁可以将一个神经元触发的状态传到另一个神经元，使另一个神经元产生抑制或者兴奋，同时桥梁的强度也会对目的神经元的状态产生影响。所以说神经元的状态取决于两个方面：一个是其他神经细胞传入的信号量和其他神经细胞与其连接突触的强度；另一个是阈值，判断神经元是否会产生兴奋，如兴奋会产生电脉冲，电脉冲沿着轴突并通过突触传递给其他神经元。图3-2给出了一种典型的神经元结构。

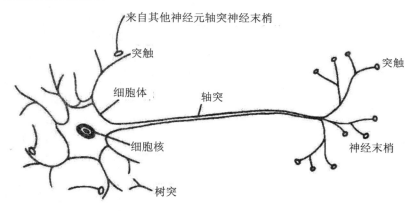

图 3-2　典型神经元结构

一个人的智商继承遗传因素较少，大部分来自于生活经验，也就是说人脑神经网络是一个具有学习能力的系统。人脑神经网络的学习方式在于网络结构，在人脑神经网络中每个神经元并不重要，重要的是神经元如何组成网络，形成网络之后就会出现一种涌现现象（一种非线性、去中心化、自组织性的现象）。

3.1.3　神经网络发展历史

神经网络的发展经历起起伏伏，是在科学家们不断探索、实践以及在当时科学技术基础下实现神经网络技术的不断完善，以便提供在实际应用中。

神经网络的发展大致经历了5个阶段。

第一阶段：1943－1969年，是神经网络的第一个高潮期，科学家们提出了许多神经元模型以及对应模型的学习规则。1943年，心理学家Warren McCulloch（沃伦·麦卡洛克）和数学家Walter Pitts（沃尔特·皮茨）最早提出神经元的数学描述和结果，并通过数学验证了只要把足够多的简单神经元连接并同步运行就可以模拟任何计算函数,这种神经网络模型称为MP模型,至此开启了人工神经网络研究的序幕。Rosenblatt(罗森布拉特)在1958年结合人脑神经网络提出了一种可以模拟人类感知能力的神经网络模型,称为"感知器",它是一种多层的神经网络。这项研究首次把人工神经网络应用到工程实践中。

第二阶段: 1969—1983年,是神经网络发展的第一个低谷期,其间神经网络的研究处于停滞状态。在1969年,Marvin Minsky(马文·明斯基)出版的《感知器》一书指出了神经网络的两个关键缺陷:一是感知器无法处理"异或"问题,在当时发展阶段神经网络还不能处理非线性函数问题;二是当时的计算机还没有能力达到大型神经网络需要的计算能力。也就是说,一个是基础设备支持问题,另一个是技术问题,制约了神经网络的发展。深层神经网络被认为是不可能实现的,神经网络的研究进入第一个寒冬。在这段时期,依然还有很多神经网络的追随者提出了很多有用的模型或算法。1974年,哈佛大学的Paul Werbos(保罗·韦尔博斯)发明了反向传播算法(Back Propagation,BP),但是当时没有人重视。1980年,福岛邦彦提出了一种带卷积和子采样操作的多层神经网络——新知机(Neocognitron)。新知机的提出是受到了动物视觉细胞感受野(receptire field)的启发,但是新知机并没有采用反向传播算法,而像是一种前向反馈网络模型,因为是在"寒冬期",所以没有引起足够的重视。

第三阶段: 1983—1995年,反向传播算法复兴,神经网络发展又迎来了高潮期。反向传播算法重新激发了人们对神经网络的兴趣,使神经网络有了学习能力。1983年,物理学家 John Hopfield(约翰·霍普菲尔德)提出了Hopfield神经网络。Hopfield神经网络引用了物理力学的分析方法,把网络作为一种动态系统并研究这种网络动态系统的稳定性。1984年,Geoffrey Hinton(杰弗里·辛顿)借助统计物理学的概念和方法提出了一种随机神经网络模型,即玻尔兹曼机(Boltzmann Machine)。应该说神经网络第二次研究高潮的主角是反向传播算法。这时神经网络又开始引起人们的注意,并重新成为新的研究热点。随后,LeCun在1989年将反向传播算法引入了卷积神经网络,并在手写数字识别上取得了很大的成功。反向传播算法是迄今为止最为成功的神经网络学习算法,也是学习神经网络的人必须要学习的算法之一。然而,反向传播中的梯度消失问题(Vanishing Gradient Problem)阻碍了神经网络的进一步发展,特别是循环神经网络。为了解决这个问题,Schmidhuber 在1992年提出采用两步来训练一个多层的循环神经网络:一是通过无监督学习的方式来逐层训练每一层循环神经网络,即预测下一个输入;二是通过反向传播算法进行精调。

第四阶段：1995—2006年，神经网络流行度降低，在此期间支持向量机和其他更简单的方法（例如线性分类器）在机器学习领域的流行度逐渐超过了神经网络。其简单性、高效性、准确性得到了大家的认可，虽然神经网络也可以达到其效果，但是需要增加层数以及神经元数，从而构造负载的网络，计算复杂性有所增长。当时的计算机性能和数据规模并不能支持大规模神经网络的训练。在20世纪90年代中期，统计学习理论和以支持向量机为代表的机器学习模型开始兴起。相比之下，神经网络的理论基础支持不够、可解释性差、优化困难等缺点更加凸显，因此神经网络的研究又一次陷入低潮。

第五阶段：从2006年开始至今，深度学习崛起，在这段时期研究者逐渐掌握了训练深层神经网络的方法，使得神经网络重新崛起。Geoffrey Hinton（杰弗里·辛顿）在2006年提出通过逐层预训练来学习一个深度信念网络，并将其权重作为一个多层前馈神经网络的初始化权重，再用反向传播算法进行精调。这种"预训练 + 精调"的方式可以有效地解决深度神经网络难以训练的问题。近年来，随着技术的发展、大规模并行计算以及GPU设备的普及，计算机的计算能力得以大幅提高，供机器学习的数据越来越详细，使深度神经网络在语音识别和图像分类等任务上获得巨大的成功，以神经网络为基础的深度学习迅速崛起，神经网络迎来第三次高潮。

3.1.4　神经网络模型

神经网络结构模型有多样性的特点，模型多种多样，可以按照业务需求进行订制化，就像乐高一样可以按照需求进行网络模型的搭建。目前常用的神经网络结构有以下3种：

- 前馈神经网络：简称前馈网络，是人工神经网络的一种。前馈神经网络采用一种单向多层结构，其中每一层都包含若干个神经元。在此种神经网络中，各神经元可以接收前一层神经元的信号，并产生输出到下一层。第0层叫输入层，最后一层叫输出层，其他中间层叫隐藏层（或隐含层、隐层）。隐藏层可以是一层，也可以是多层。

- 反馈神经网络：又称为记忆网络，某一个神经元的输出与其连接神经元的输入、网络权重值、神经元自己的历史信息有关。反馈神经网络是具有记忆功能的，不同时刻记录不同的状态。反馈神经网络包括循环神经网络、玻尔兹曼机、Hopfield网络、受限玻尔兹曼机等。

● 图网络：基于图数据进行工作的神经网络。在实际应用中，很多数据是图结构的数据，比如知识图谱、分子（Molecular）网络、社交网络等。前馈网络和记忆网络很难处理图结构的数据。图数据和基于图的分析广泛应用于各种分类、链路、聚类任务里。人工智能领域有一个重要的分支，叫作知识图谱。基本逻辑就是将知识进行图化，从而在我们寻找知识时依据图谱关系进行追踪和定位。

图3-3给出了前馈神经网络、反馈神经网络和图网络的网络结构示例，其中圆形节点表示一个神经元、方形节点表示一组神经元。

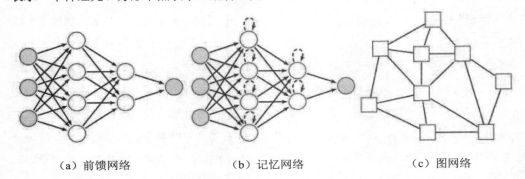

（a）前馈网络　　　　　　　（b）记忆网络　　　　　　　（c）图网络

图 3-3　三种不同网络结构的示例（来源于邱锡鹏的《神经网络与深度学习》）

3.1.5　应用领域

1. 信息领域的应用

（1）信息处理

信息处理中需要解决的问题相对来说很复杂，不过人工神经网络是基于人脑神经网络的，具有模仿或与人思维相关的功能，可以问题求解，实现自动诊断，解决传统方法所不能或难以解决的问题。人工神经网络系统具有鲁棒性、容错性及学习能力，即使其内部遭到很高程度的破坏，它仍能保持较优的工作状态，这点在军事系统电子设备中得到广泛的应用。

（2）模式识别

模式识别是对事物各种形式的信息特征进行处理和分析，对事物进行描述、辨认、分类和解释的过程。该技术以香农的信息论和贝叶斯概率论为理论基础，对信息的处理过程更接近人类大脑的逻辑思维过程。人工神经网络是模式识别中常用的方法。经过多年的研究和发展，模式识别方面的技术已经比较先进，比如文字识别、指纹识别、语音识别、图像识别、人脸识别等。

2. 经济领域的应用

（1）市场价格预测

预测前景已经成为许多行业不可避免的一个难题。预测设计的因素较多，传统的统计经济学方法有其固有的局限性，往往很难建立一个合理的模型，但是人工神经网络容易处理不完整的、模糊不确定或规律性不明显的数据，具有极强的非线性逼近、大规模并行处理、自训练学习、容错能力以及外部环境的适应能力，所以利用人工神经网络进行预测已成为许多项目的首选方法。

以商品价格举例来说，从市场价格的确定机制出发，依据影响商品价格的家庭户数、人均可支配收入、贷款利率、城市化水平等复杂、多变的因素，建立较为准确可靠的模型。该模型可以对商品价格的变动趋势进行科学预测，并得到准确客观的评价结果。

（2）风险评估

风险评估是在事件发生之前，对以后生命、经济、财产各个方面造成损失的可能性进行量化评估的工作。通过科学的手段以及以往的经验对风险进行预测和评估。人工神经网络可以应用到风险评估中，通过神经网络预测风险值的大小来预判风险评估等级，可以客观地进行分析，弥补主观评估的不足。

3. 医学领域的应用

（1）生物信号的检测与分析

医学中检测设备大部分都是以连续波形的方式输出数据的，通过波形来进行诊断。人工神经网络是由大量简单的神经单元连接而成的自适应动力学系统，具有分布式存储、并行性计算、学习性的自组织等功能。神经网络通过对电信号大量的学习、分析以及对信号的识别等可以帮助医学方面更加有效地判断问题。

（2）医学专家系统

传统的专家系统是把专家的经验和知识以规则的形式存储在计算机中，建立知识库，用逻辑推理的方式进行医疗诊断。在实际应用中，随着数据量的增大，将导致知识"爆炸"，并不能找到唯一准确的答案，致使工作效率降低。以非线性并行处理为基础的神经网络为专家系统的研发指明了新的发展方向，解决了以上问题，并提高了知识的推理、自组织、自学习能力，从而在医学专家系统中得到了广泛的应用和发展。在临床医学方面通过对表象的分析、信号的处理、各种临床状况的预测都可以用到人工神经网络技术。

4. 控制领域的应用

人工神经网络由于其非线性模拟能力、独特的模型结构、容错特性和高度的自适应等突出特点在工业控制领域获得了广泛的应用，在各类控制器框架结构的基础上加入了非线性自适应学习机制，使控制器更加智能，具有更好的性能。基本的控制结构有内膜控制、最优决策控制、模型参考控制等。

5. 城市建设领域的应用

近几年国家倡导智慧城市以及数字化发展，比如通过对数字城市的搭建、道路施工模拟、建筑物模拟、交通流量预测、船舶自动导航以及船只的辨认等技术都可以使用人工神经网络来进行支持，而且通过神经网络的特性可以优越地支撑这些技术形成完善的应用。

3.2　神经网络理论基础

本节会从为什么要使用神经网络、神经网络数学理论及算法理论方面详细地介绍神经网络基础，使读者了解并掌握神经网络理论知识并使用神经网络进行模型训练。

3.2.1　为什么要使用神经网络

在进行机房中相关设备模型搭建时，设备特征较多，并且每个特征的权重值并不明确，在这种情况下使用神经网络是最好的选择。它可以自行训练、自我"修正"，得到一个好的效果，而且神经网络的特点可以更好地支持模型的搭建。

神经网络的具体特点如下：

（1）高度的并行性

人工神经网络是由许多简单的神经元连接组成的，虽然每一个神经元的功能很简单，但是大量简单神经元结合到一起的并行处理能力和效果是十分惊人的，这就是模拟的人脑神经元的涌现现象。人工神经网络在同一层内的神经单元操作都是同时的，即神经网络的计算功能分布在同层多个神经单元上，所以说是并行操作的，如单核的计算机通常只有一个处理单元，处理顺序是串行的。

（2）高度的非线性全局作用

人工神经网络每个神经元接收前一层所有神经元的输入，通过激活函数计算值并影响下一层所有的神经元，这种网络结构使神经元与神经元之间产生相互影响和相互制约，实现了输入空间到输出空间的非线性映射，从整体上看网络整体的性能并不是网络各个局部性能的叠加而表现出来的某种集体性的行为。

（3）联想记忆功能和良好的容错性

人工神经网络通过自身特有的网络结构将处理中的数据信息存储在神经元中，以便后期使用，所以说具有联想记忆功能。因为是分布式存储形式，所以从单一的某一个值看不出其所记忆的信息内容，这就使得网络具有很好的容错性，并可以进行缺失模式复原、聚类分析、特征提取等模式信息处理工作，还可以进行模式联想、识别、分类工作。由于它具有高容错性，因此可以从缺失的数据和图形中进行学习并做出决定。知识存在于整个系统中，而不只是一个存储单元中，所以某一个节点不参加运算对整个系统的性能不会产生重大的影响。人工神经网络能够处理那些有噪声或不完全的数据、具有很强的容错能力和泛化功能。

（4）良好的自适应、自学习功能

人工神经网络通过学习训练获得神经元连接之间的权重，有很强的适应能力和自学习能力。神经网络所具有的自学习过程模拟人的思维方式，与传统的数学逻辑完全不同。自适应性根据所提供的数据，通过训练找到特征与结果之间的内在关系，从而得到问题的解，而不是依据对问题的规则和经验知识。

神经网络所具有的这种学习和适应能力、非线性、高容错性和运算高度并行的能力解决了传统机器学习对直觉处理方面的不足，并成功应用于信息领域、经济领域、医学领域、控制领域。

3.2.2 数学理论

神经网络是线性和非线性模块的巧妙组合。当我们选择并连接它们时，我们就有了一个强大的工具来近似拟合任何数学函数，例如用非线性决策边界分类的方法。下面我们以学习XOR（异或门）函数为例，来了解神经网络中的数据原理。

XOR函数是一种非线性函数，如果没有反向传播很难学会用一条直线来分隔类。我们先用图3-4简单介绍下XOR函数以及一条直线是如何不能将其输出的0和1分开的。

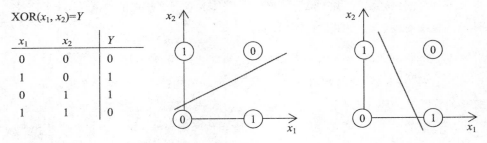

图 3-4　异或逻辑及直线无法区分示例

"异或逻辑"关系是指：当两个逻辑自变量取值相异时，函数为1；反之，当自变量取值相同时，函数为0。

下面我们使用神经网络来实现XOR函数以及神经网络中的数学计算公式，如图3-5所示。

公式：
$$z_1 = XW_1$$
$$a_1 = \text{sigmoid}(z_1)$$
$$z_2 = a_1W_2$$
$$a_2 = \text{sigmoid}(z_2)$$

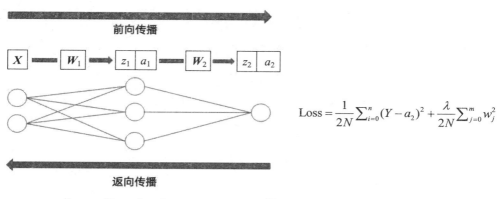

图 3-5　神经网络数学计算公式

网络拓扑结构比较简单，如图3-6所示。

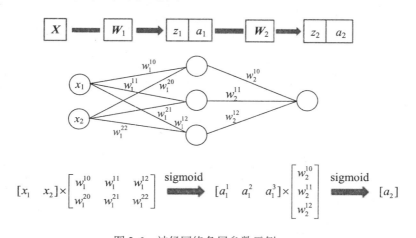

图 3-6　神经网络各层参数示例

第一步：输入层X是一个二维向量。

第二步：权重W_1是一个具有随机初始值2×3的矩阵。

第三步：隐藏层a_1是由3个神经元组成的。每个神经元等于前面的权重和X矩阵相乘进行激活函数后的结果。

第四步：权重W_2是一个具有随机初始值3×1的矩阵。

第五步：输出层是由一个神经元组成的，XOR函数返回0或者1。

现在网络结构已搭建完成，开始进行模型训练。在这个简单地示例中，可训练的参数只涉及权重，在正式搭建的模型中训练的参数很多，包括权重、正则化、网络结构、学习率等。

1. 前向传播计算过程

（1）初始化随机权重值，如图3-7所示。

（2）计算z_1的值，如图3-8所示。

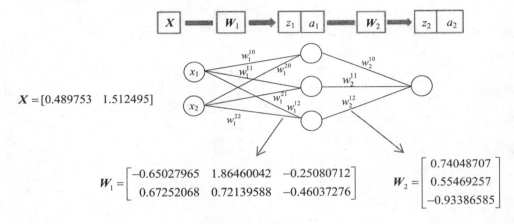

$$X = [0.489753 \quad 1.512495]$$

$$W_1 = \begin{bmatrix} -0.65027965 & 1.86460042 & -0.25080712 \\ 0.67252068 & 0.72139588 & -0.46037276 \end{bmatrix}$$

$$W_2 = \begin{bmatrix} 0.74048707 \\ 0.55469257 \\ -0.93386585 \end{bmatrix}$$

图3-7　前向传播初始化权重

$$z_1 = XW_1$$

$$z_1 = [0.489753 \quad 1.512495] \begin{bmatrix} -0.65027965 & 1.86460042 & -0.25080712 \\ 0.67252068 & 0.73139588 & -0.46037276 \end{bmatrix}$$

$$z_1 = [0.69870776 \quad 2.01942626 \quad -0.81914504]$$

图3-8　计算z_1的值

（3）通过激活函数来求出第一个隐藏层a_1的值，一般使用Sigmoid激活函数进行加权，如图3-9所示。

$$a_1 = \text{sigmoi d}(z_1)$$

$$a_1 = [0.66790120 \quad 0.88282167 \quad 0.30594517]$$

图3-9　计算a_1的值

（4）求第二层z_2的过程与z_1相同，只是使用z_1计算后的值进行计算，如图3-10所示。

$$z_2 = a_1 W_2$$

$$z_2 = [0.66790120 \quad 0.88282167 \quad 0.30594517]\begin{bmatrix} 0.74048707 \\ 0.55469257 \\ -0.93386585 \end{bmatrix}$$

$$z_2 = [0.69855508]$$

图 3-10　计算 z_2 的值

（5）通过Sigmoid激活函数计算加权后的值，如图3-11所示。

$$a_2 = \text{sigmoi}(z_2)$$
$$a_2 = [0.66786733]$$

图 3-11　计算 a_2 的值

计算损失是为了进行反向传播来校正权重，需要注意的是损失函数包含一个正则化（可以理解为一个惩罚项，是用来惩罚误差较大的样本权重的），如图3-12所示。

$$\text{Loss}=\frac{1}{2N}\sum_{i=0}^{n}(Y-a_2)^2+\frac{\lambda}{2N}\sum_{j=0}^{m}W_j^2$$

图 3-12　损失函数计算公式

2. 反向传播计算过程

这个过程的顺序是向后的，用于更新各层中的每一个权重值，首先计算损失函数对输出层权重的偏导数（dLoss/d$\boldsymbol{W}_2$），然后计算隐藏层的偏导数（dLoss/d$\boldsymbol{W}_1$）。

（1）dLoss/d$\boldsymbol{W}_2$链式法则表明，我们可以将神经网络的梯度计算分解为可微的部分，如图3-13所示。

$$\frac{\text{dLoss}}{\text{d}\boldsymbol{W}_2}=\frac{\text{dLoss}}{\text{d}a_2}\frac{\text{d}a_2}{\text{d}z_2}\frac{\text{d}z_2}{\text{d}\boldsymbol{W}_2}$$

$$\frac{\text{dLoss}}{\text{d}a_2}=-(Y-a_2) \qquad \frac{\text{d}a_2}{\text{d}z_2}=a_2(1-a_2) \qquad \frac{\text{d}z_2}{\text{d}\boldsymbol{W}_2}=a_1$$

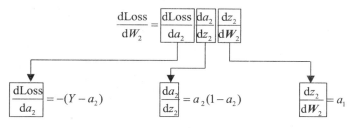

图 3-13　反向传播数学公式

可以通过画图来更直观地看，我们的目标是更新W_2。为此，我们需要将计算图上的三个导数，如图3-14所示。

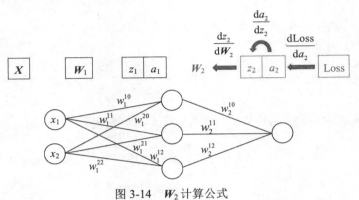

图 3-14　W_2 计算公式

将值带入这些偏导数中，我们就可以计算出关于权重W_2的梯度并使用学习率0.01对W_2进行更新了，如图3-15所示。

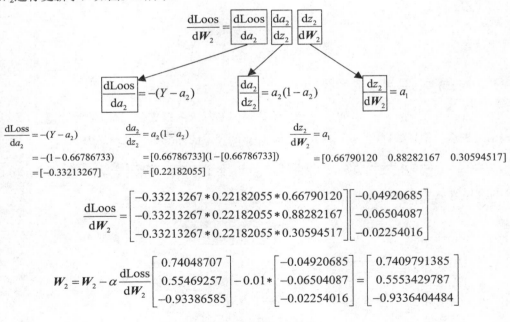

图 3-15　计算 W_2 的值

（2）dLoss/dW_1计算第一个隐藏层W_1中的每一个权重，并会重用上一层计算过的偏导数，如图3-16所示。

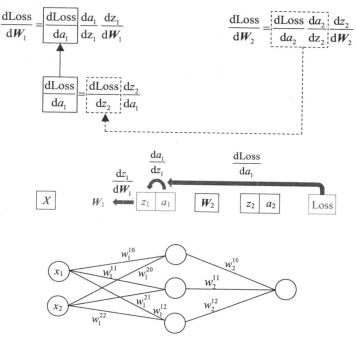

图 3-16　W_1计算公式

代入数据并计算每一个偏导数的值，如图3-17所示。

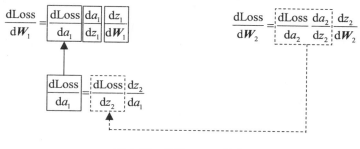

图 3-17　计算z_1、a_1的值

$$\boxed{\frac{\text{dLoss}}{\text{d}a_1}} = \boxed{\frac{\text{dLoss}}{\text{d}z_2} \frac{\text{d}z_1}{\text{d}a_1}}$$

$$= -(Y - a_2)a_2(1 - a_2)W_2$$

$$= -0.33213267 * 0.22182055 W_2$$

$$= \begin{bmatrix} -0.33213267 * 0.22182055 * 0.7409791385 \\ -0.33213267 * 0.22182055 * 0.5553429787 \\ -0.33213267 * 0.22182055 * 0.9336404484 \end{bmatrix}$$

$$\boxed{\frac{\text{d}z_1}{\text{d}W_1}} = X = [0.489753 \quad 1.512495]$$

$$= \begin{bmatrix} -0.05459078 \\ -0.04091425 \\ 0.06878488 \end{bmatrix}$$

$$\boxed{\frac{\text{d}a_1}{\text{d}z_1}} = a_1(1 - a_1) = \begin{bmatrix} 0.22180918 \\ 0.10344756 \\ 0.2123427 \end{bmatrix}$$

图 3-17　计算 z_1、a_1 的值（续）

将所有的导数放在一起，我们可以再次执行更新隐藏层 W_1 的权值，如图3-18所示。

$$\frac{\text{dLoss}}{\text{d}W_1} = \frac{\text{dLoss}}{\text{d}a_1} \frac{\text{d}a_1}{\text{d}z_1} \frac{\text{d}z_1}{\text{d}W_1}$$

$$= \begin{bmatrix} -0.05459078 * 0.22180918 * 0.489753 & -0.04091425 * 0.10344756 * 0.489753 & 0.06878488 * 0.2123427 * 0.489753 \\ -0.05459078 * 0.22180918 * 1.512495 & -0.04091425 * 0.10344756 * 1.512495 & 0.06878488 * 0.2123427 * 1.512495 \end{bmatrix}$$

$$= \begin{bmatrix} -0.00593028 & -0.00207286 & 0.00715331 \\ -0.018314402 & -0.00640160 & 0.02209145 \end{bmatrix}$$

$$W_1 = W_1 - a \frac{\text{dLoss}}{\text{d}W_1}$$

$$= \begin{bmatrix} -0.65027965 & 1.86460042 & -0.25080712 \\ 0.67252068 & 0.73139588 & -0.46037276 \end{bmatrix} - 0.1 * \begin{bmatrix} -0.00593028 & -0.00207286 & 0.00715331 \\ -0.018314402 & -0.00640160 & 0.02209145 \end{bmatrix}$$

$$= \begin{bmatrix} -0.64968663 & 1.8648077 & -0.25152248 \\ 0.67435212 & 0.73203604 & -0.4625819 \end{bmatrix}$$

图 3-18　计算 W_1 的值

至此，我们完成了网络训练的一次迭代过程，后面按照新权重值预测的结果与真实值进行比较，再通过梯度来一步一步更新权重，直至达到最终的结果。

3.2.3　算法理论

通过Python中的Numpy模块把数学理论的数据方程转换为算法代码。神经网络是需要循环训练的,直至达到理想的预测。在循环训练中,每次迭代都向网络提供已校准的权重。在这个小示例中,我们只考虑训练的权重来了解神经网络运行的原理。

（1）生成样本数据。

```python
import numpy as np
# 生成样本数据
def load_xor_data(N=300):
    rng = np.random.RandomState(0)
    X = rng.randn(N, 2)
    y = np.array(np.logical_xor(X[:, 0] > 0, X[:, 1] > 0), dtype=int)
    y = y.reshape(N, 1)
    return X, np.array(y)
```

（2）使用sigmoid公式来作为激活函数。

```python
# sigmoid激活函数
def sigmoid(z):
    return 1.0/(1.0+np.exp(-z))
```

（3）进行目标值预测。

```python
# 进行预测
def inference(data, weights):
    h1 = sigmoid(np.matmul(data, weights[0]))
    logits = sigmoid(np.matmul(h1, weights[1]))
    probs = [1 if logit > 0.5 else 0 for logit in logits]
    return np.array(probs).reshape(len(probs), 1)
```

（4）模型训练：神经网络训练过程中的前向传播计算预测值,损失函数计算,反向传播更新权重。

```python
# 模型训练
def run():
    N = 50                              # 小样本训练
```

```
X, y = load_xor_data(N=300)
input_dim = int(X.shape[1])
hidden_dim = 3                                  # 隐藏层中的3个神经单元
output_dim = 1                                  # 一个输出
num_epochs = 50000                              # 训练次数
learning_rate = 1e-3                            # 学习率
reg_coeff = 1e-6                                # 正则化参数
losses = []
accuracies = []
# 初始化权重
w1 = np.random.randn(input_dim, hidden_dim)     # w1=(2, hidden_dim)
w2 = np.random.randn(hidden_dim, output_dim)    # w2=(hidden_dim, 1)
for i in range(num_epochs):
    index = np.arange(X.shape[0])[:N]

    # 前向传播
    h1 = sigmoid(np.matmul(X[index], w1))               # (N, 3)
    h2 = sigmoid(np.matmul(h1, w2))                     # (N, 2)

    # 损失函数的定义：均方误差加岭正则化(L2正则化)
    L = np.square(y[index]-h2).sum()/(2*N) + reg_coeff*
(np.square(w1).sum()+np.square(w2).sum())/(2*N)
    losses.append([i, L])

    # 反向传播 dL/dw2 = dL/dh2 * dh2/dz2 * dz2/dw2
    dL_dh2 = -(y[index] - h2)                            # (N, 1)
    dh2_dz2 = sigmoid(h2)                               # (N, 1)
    dz2_dw2 = h1                                        # (N, hidden_dim)

    # w2的梯度:(hidden_dim,N)x(N,1)*(N,1)
    dL_dw2 = dz2_dw2.T.dot(dL_dh2*dh2_dz2) + reg_coeff*np.
square(w2).sum()

    # w1梯度计算之前对h1和z1进行计算
    # dL/dw1 = dL/dh1 * dh1/dz1 * dz1/dw1
    # dL/dh1 = dL/dz2 * dz2/dh1
    # dL/dz2 = dL/dh2 * dh2/dz2
    dL_dz2 = dL_dh2 * dh2_dz2                            # (N, 1)
    dz2_dh1 = w2                                        # z2 = h1*w2
    dL_dh1 = dL_dz2.dot(dz2_dh1.T)                      # (N,1)x(1,
hidden_dim)=(N, hidden_dim)
```

```
        dh1_dz1 = sigmoid(h1)                    # (N,hidden_dim)
        dz1_dw1 = X[index]                        # (N,2)

        # w1的梯度:(2,N)x((N,hidden_dim)*(N,hidden_dim))
        dL_dw1 = dz1_dw1.T.dot(dL_dh1*dh1_dz1) + reg_coeff*np.
square(w1).sum()

        # 权重更新
        w2 += -learning_rate*dL_dw2
        w1 += -learning_rate*dL_dw1

        # 计算准确率
        y_pred = inference(X, [w1, w2])
        accuracy = np.sum(np.equal(y_pred, y))/len(y)
        accuracies.append([i, accuracy])
        print("准确率:{},损失函数:{}".format(accuracies[-1],
losses[-1]))

    if __name__ == '__main__':
        run()
```

3.3 数据的采集

训练模型的基础是数据,有了数据才能进行训练。数据中心一般是使用动力环境监控系统进行数据的采集、整理及监控。

数据的收集是通过各个监测点进行检测再传入动力环境监控系统中的,只有监测点覆盖全面才可以收集全方面的数据。卓朗湘潭道数据中心共有约174 521个测点,可对数据中心运行状态进行全方位监控。数据中心室外周边共有约100个测点,实时监控室外温度及局部室外区域温度,进行精细化测量。

动力环境监控系统是一个综合利用计算机网络技术、数据库技术、通信技术、自动控制技术、新型传感技术等构成的计算机网络,其监控对象是机房内的动力设备及机房环境。

动力环境监控系统(简称动环系统)主要监测:配电系统、UPS系统、精密空调系统、机房温湿度、漏水检测系统、消防监控系统、门禁管理系统、视频监控系统、防盗报警系统,并集成到系统平台。

3.3.1 动环系统的技术特点

1. 集中性

无动环系统时现场运维人员需要定时对机房设备及环境进行检查并手工记录相关数据，工作单调而且耗费人力。动环系统自动进行数据收集并集中到系统平台，减少人为记录数据的时间。

2. 可视化及历史数据追溯

无动环系统时运维人员对历史数据查询只能翻看原先记录。动环系统支持Web页面、客户端等多平台数据展示，将数据可视化并对历史数据进行保存，方便人员实时查看，提高工作效率。

3. 完善的告警管理

自动判别告警等级，运维人员自定义的告警查询功能使相关用户可以在第一时间一览所有需要的告警信息。完善的告知手段，判断告警级别并通过不同告知方式（如邮件、短信、电话等方式）通知相关用户的告警情况。

动环系统提供的一种以计算机技术为基础、基于集中管理监控模式的自动化、智能化和高效率的技术手段，可保障设备稳定运行和机房安全，提高劳动生产率和网络维护水平，实现机房从有人值守到无人或少人值守。

3.3.2 动环系统的架构功能说明

机房动力环境监控系统体系分为物理设备层、网络层、系统层、数据层、应用支撑层、应用层和接入层，如图3-19所示。

1. 物理设备层

物理设备层是本系统的数据源，所有的数据都来源于物理设备生成的数据，是上层系统的基础。本层包含所有被监控的智能设备及各类传感设备，如变配电设备、楼宇设备、机房动力设备、安防和消防设备等；要求采用具备可靠性和抗干扰能力的现场总线。要求支持常用标准通信协议，包括RFID、Modbus、BACnet、SNMP等各种协议，以便提供第三方设备和系统的集成。

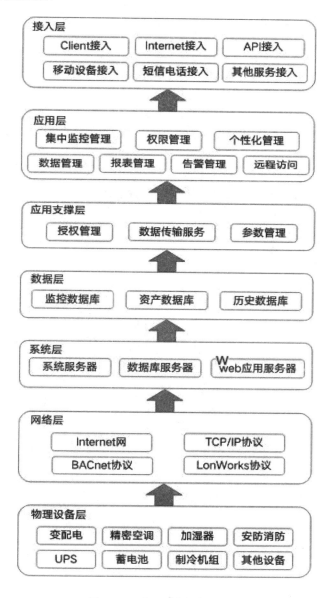

图 3-19　动环系统架构功能图

2. 网络层

支持TCP/IP传输协议，采用Ethernet技术，网络传输速度不应小于10Mbps。需要提供与其他系统进行标准数据的协议，如SNMP、OPC、DDE等。通过获取物理设备层采集的数据，分布式组成现场总线网络。

3. 系统层

系统层包括系统基础设施和系统服务：系统基础设施包括承载运行各类服务器以及存储设备，系统服务包括系统基础服务及安全管理基础服务。

4. 数据层

数据层包括资产数据库、安防数据库、BA数据库、能效数据库、照明数据库、报表和历史数据库、工单数据库以及参数配置数据库，是长期存储数据的场所，所有系统中的状态、变动信息、报警数据以及各种日志均存储在数据层。

5. 应用支撑层

应用支撑层为应用层提供基础支撑，包括授权、登录、参数管理、日志以及Web服务、门户管理、数据集成服务。它提供通过WCF接口和标准WebServices接口的数据调用，同时提供ODBC、OPC方式的数据传输方式，可以理解为互联网公司的中台服务。

6. 应用层

应用层作为人机交互的主要部分完成所有的数据可视化展示工作，所有展示结果都是来源于应用支撑层对数据层数据的调用、分析和再处理。

7. 接入层

接入层包括Client客户端、Intranet/Internet接入、移动设备接入、短信、电话语音报警及API等接入方式。

3.4　数据模型的建立和训练

本节从数据处理、特征工程、模型选取、模型训练及参数调整以及模型的验证方面详细地介绍建立模型、训练模型的内容。

3.4.1　数据处理

数据处理是建立模型的第一步，也是最关键的一步，会直接影响一个模型预测结果的好坏。数据处理没有标准的流程，通常会因不同任务和数据集属性的不同而不同。如果没有筛选到重要特征就会导致模型学习不到数据间的联系，如特征中有缺失值、异常值会导致模型预测准确率偏低，造成预测不准确，所以数据处理至关重要。

在动环中采集的数据涉及机房内的所有设备及机房环境数据，进行能效优化时并不需要全部数据，需要对数据筛选并对筛选的数据进行预处理等工作。

1. 筛选数据

（1）筛选条件

筛选条件以降低机房PUE为目标。PUE公式如图3-20所示。

$$PUE = \frac{\text{数据中心总设置能耗}}{\text{IT设备能耗}}$$

图 3-20　PUE 公式

PUE指标大于1，越接近1表明非IT设备耗能越少，即能效水平越好。通过查看数据之间的关系及本地机房条件确定调节空调温度来减少数据中心总设备能耗，以降低PUE指标。

按照周期性筛选和温度相关的数据发现温度在变化的同时风机输出也在随着变化、送风温度变化的同时空调功率也随着变化，如图3-21、图3-22所示。最终决定影响温度的特征主要是IT设备功率、风机输出、送风温度和室外温度。

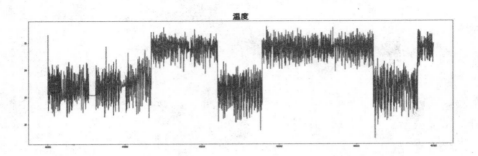

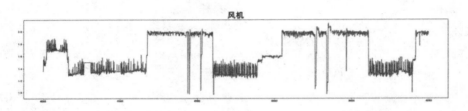

图 3-21　温度和风机转速的趋势

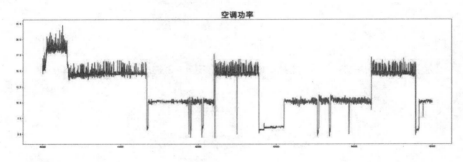

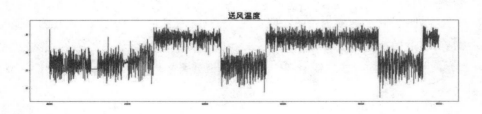

图 3-22　送风温度和空调功率的趋势

筛选出显著特征、摒弃非显著特征，需要工程师反复理解业务。这对很多结果有决定性的影响。特征选好了，非常简单的算法也能得出良好、稳定的结果。这需要运用特征有效性分析的相关技术，如相关系数、卡方检验、平均互信息、条件熵、后验概率、逻辑回归权重等方法。

（2）分析代码（以下为送风温度和空调功率的趋势示例代码）

```python
import pandas as pd
import numpy as np
import matplotlib.pyplot as plt

def main():
    data = pd.read_csv("res1.csv")
    print(data.shape)
    data = data.dropna(axis=0)
    print(data.shape)
    gl = data.loc[:, "总有功功率/4B1柜仪表3/4B1柜/低压开关室/地下一层/4号楼
/卓朗科技":"总有功功率/4B1柜仪表3/4B1柜/低压开关室/地下一层/4号楼/卓朗科技"]
    kt = data.loc[:, "送风1温度（℃）/CRAC-1-05空调/1-1数据机房/一层/4号楼
/卓朗科技":"风机输出/CRAC-1-07空调/1-1数据机房/一层/4号楼/卓朗科技"]
    kt["风机输出/CRAC-1-05空调/1-1数据机房/一层/4号楼/卓朗科技"] = kt["风机
输出/CRAC-1-05空调/1-1数据机房/一层/4号楼/卓朗科技"] / 100
    kt["风机输出/CRAC-1-06空调/1-1数据机房/一层/4号楼/卓朗科技"] = kt["风机
输出/CRAC-1-06空调/1-1数据机房/一层/4号楼/卓朗科技"] / 100
    kt["风机输出/CRAC-1-07空调/1-1数据机房/一层/4号楼/卓朗科技"] = kt["风机
输出/CRAC-1-07空调/1-1数据机房/一层/4号楼/卓朗科技"] / 100
    fj = kt.loc[:, "风机输出/CRAC-1-05空调/1-1数据机房/一层/4号楼/卓朗科技
":"风机输出/CRAC-1-07空调/1-1数据机房/一层/4号楼/卓朗科技"]
    fj["风机"] = fj.apply(np.sum, axis=1)
    fj_total = fj.loc[:, "风机"]
    sfwd = data.loc[:, "送风1温度（℃）/CRAC-1-05空调/1-1数据机房/一层/4
号楼/卓朗科技":"送风1温度（℃）/CRAC-1-07空调/1-1数据机房/一层/4号楼/卓朗科技"]
    sfwd_total = sfwd.apply(np.mean, axis=1)
    data_new = pd.concat([sfwd_total, fj_total, gl], axis=1)
    data_new_1 = data_new.reset_index()

    index1 = range(40000,45000)        # 随机取40000-45000查看数据分布情况

    fig = plt.figure(figsize=(30, 20))
    fig1 = plt.subplot(211)
```

```
        plt.plot(data_new_1.index[index1], data_new_1.loc[index1, "总有功
功率/4B1柜仪表3/4B1柜/低压开关室/地下一层/4号楼/卓朗科技":"总有功功率/4B1柜仪表
3/4B1柜/低压开关室/地下一层/4号楼/卓朗科技"])
        plt.title("IT设备功率", fontproperties="Arial Unicode MS",
fontsize=32)

        fig3 = plt.subplot(313)
        plt.plot(data_new_1.index[index1], data_new_1.loc[index1, 0:0])
        plt.title("送风温度", fontproperties="Arial Unicode MS",
fontsize=32)

        plt.show()
    if __name__ == '__main__':
        main()
```

2. 数据预处理

在选定特征后，我们需要按照选定的特征提取数据集，对提取的数据进行预处理。预处理的方式是查看提取的特征数据是否完整、有无缺失值和异常值。

（1）缺失值

检查有没有缺失值，对缺失的特征选择恰当的方式进行弥补，保证数据的完整性。可以使用Python中的Pandas包对数据完整性进行检查。图3-23所示为数据中有一条总功率是缺失的情况。

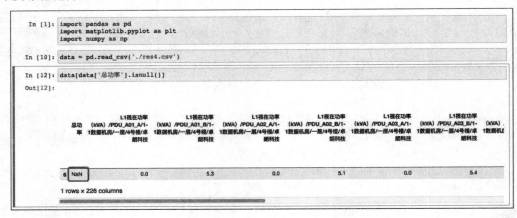

图3-23　缺失值检查

在对缺失值进行处理有以下几种方式：

① 删除缺失值所在的行，如图3-24所示。

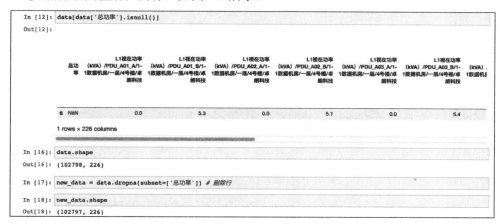

图 3-24　删除缺失值行示例

② 删除缺失值所在的属性，即列，如图3-25所示。

```
In [19]:  data.shape
Out[19]:  (102798, 226)

In [22]:  new_data = data.drop(['总功率',], axis=1) #删除列

In [23]:  new_data.shape
Out[23]:  (102798, 225)
```

图 3-25　删除缺失值列示例

③ 将缺失值设置为某个值（0、平均值、中位数或使用频率高的值），如图3-26所示。

没有标准的流程规定在什么情况使用什么方式，需按照业务场景来选择具体的方式。在数据集中每条记录为5分钟数据，我们可以找到上5分钟和下5分钟数据取一个均值进行数据补充，如图3-27所示。

（2）异常值

检查是否有不合理数据，如功率是否为负、是否超过满负载功率过多以及测点温度和湿度是否超过合理的范围。造成异常值的原因可能是传感器故障引起的：传感器硬故障会导致大部分连续数据异常，可以选择删除行的方式处理；传感器软故障会导致单条及少部分数据出现异常，可以选择设置为某值进行处理。

```
In [25]: mean = data['总功率'].mean()  # 使用平均值替换

In [26]: mean
Out[26]: 25.509293072755046

In [27]: data[5:8]
Out[27]:
```

	总功率	L1视在功率 (kVA) /PDU_A01_A/1-1数据机房/一层/4号楼/卓朗科技	L1视在功率 (kVA) /PDU_A01_B/1-1数据机房/一层/4号楼/卓朗科技	L1视在功率 (kVA) /PDU_A02_A/1-1数据机房/一层/4号楼/卓朗科技	L1视在功率 (kVA) /PDU_A02_B/1-1数据机房/一层/4号楼/卓朗科技	L1视在功率 (kVA) /PDU_A03_A/1-1数据机房/一层/4号楼/卓朗科技	L1视在功率 (kVA) /PDU_A03_B/1-1数据机房/一层/4号楼/卓朗科技	(kVA) 1数据机
5	174.7	0.0	5.3	0.0	5.0	0.0	5.4	
6	NaN	0.0	5.3	0.0	5.1	0.0	5.4	
7	175.2	0.0	5.3	0.0	5.1	0.0	5.4	

3 rows × 226 columns

```
In [28]: new_data = data.fillna({'总功率':mean})

In [29]: new_data[5:8]
Out[29]:
```

	总功率	L1视在功率 (kVA) /PDU_A01_A/1-1数据机房/一层/4号楼/卓朗科技	L1视在功率 (kVA) /PDU_A01_B/1-1数据机房/一层/4号楼/卓朗科技	L1视在功率 (kVA) /PDU_A02_A/1-1数据机房/一层/4号楼/卓朗科技	L1视在功率 (kVA) /PDU_A02_B/1-1数据机房/一层/4号楼/卓朗科技	L1视在功率 (kVA) /PDU_A03_A/1-1数据机房/一层/4号楼/卓朗科技	L1视在功率 (kVA) /PDU_A03_B/1-1数据机房/一层/4号楼/卓朗科技
5	174.700000	0.0	5.3	0.0	5.0	0.0	5.4
6	25.509293	0.0	5.3	0.0	5.1	0.0	5.4
7	175.200000	0.0	5.3	0.0	5.1	0.0	5.4

图 3-26　将缺失值设置为均值

```
In [30]: data[5:8]
Out[30]:
```

	总功率	L1视在功率 (kVA) /PDU_A01_A/1-1数据机房/一层/4号楼/卓朗科技	L1视在功率 (kVA) /PDU_A01_B/1-1数据机房/一层/4号楼/卓朗科技	L1视在功率 (kVA) /PDU_A02_A/1-1数据机房/一层/4号楼/卓朗科技	L1视在功率 (kVA) /PDU_A02_B/1-1数据机房/一层/4号楼/卓朗科技	L1视在功率 (kVA) /PDU_A03_A/1-1数据机房/一层/4号楼/卓朗科技	L1视在功率 (kVA) /PDU_A03_B/1-1数据机房/一层/4号楼/卓朗科技	(kVA) 1数据机
5	174.7	0.0	5.3	0.0	5.0	0.0	5.4	
6	NaN	0.0	5.3	0.0	5.1	0.0	5.4	
7	175.2	0.0	5.3	0.0	5.1	0.0	5.4	

3 rows × 226 columns

```
In [34]: mean = data[5:8].mean()['总功率']

In [35]: mean
Out[35]: 174.95

In [36]: new_data = data.fillna({'总功率':mean})

In [37]: new_data[5:8]
Out[37]:
```

	总功率	L1视在功率 (kVA) /PDU_A01_A/1-1数据机房/一层/4号楼/卓朗科技	L1视在功率 (kVA) /PDU_A01_B/1-1数据机房/一层/4号楼/卓朗科技	L1视在功率 (kVA) /PDU_A02_A/1-1数据机房/一层/4号楼/卓朗科技	L1视在功率 (kVA) /PDU_A02_B/1-1数据机房/一层/4号楼/卓朗科技	L1视在功率 (kVA) /PDU_A03_A/1-1数据机房/一层/4号楼/卓朗科技	L1视在功率 (kVA) /PDU_A03_B/1-1数据机房/一层/4号楼/卓朗科技	(kVA) 1数据机
5	174.70	0.0	5.3	0.0	5.0	0.0	5.4	
6	174.95	0.0	5.3	0.0	5.1	0.0	5.4	
7	175.20	0.0	5.3	0.0	5.1	0.0	5.4	

3 rows × 226 columns

图 3-27　上下 5 分钟功率均值示例

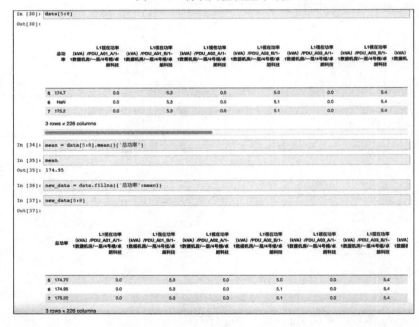

处理方式可以参考缺失值部分。

3.4.2 特征工程

1. 什么是特征工程

特征工程是使用专业的业务知识和技巧处理数据，编译成机器可以识别的语言，并使特征能在机器学习算法上发挥更好的作用的过程。

特征工程会直接影响机器学习的效果。

2. 为什么需要特征工程

在机器学习领域有一句众所周知的话：数据和特征决定了机器学习的上限，而模型和算法的应用只是让我们逼近这个上限。

特征作为输入供模型和算法使用，从本质上来讲，特征工程是处理和展示数据的过程。在实际工作中，特征工程旨在去除原始数据中的冗余和异常，设计更高效的特征以刻画与预测模型之间的关系。

3. 特征工程包含的内容

（1）特征提取

特征提取是指将任意数据（如文本或图像）转换为可用于机器学习可识别的信息特征，如图3-28所示。

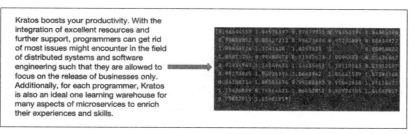

图 3-28　转换为机器可识别的特征

（2）特征预处理

特征预处理是指通过一些转换函数将特征数据转换成在一定范围之内的数据（它们之间存在着对应关系，是适合算法模型特征的数据），如图3-29所示。

特征1	特征2	特征3	特征4		特征1	特征2	特征3	特征4
85	11	7	220		1	0	0	0.5
65	12	8	210		0.5	0.5	0.5	0.25
45	13	9	200		0	1	1	0

图 3-29　将各个特征转换在固定范围内

特征预处理是很关键的步骤，往往能够使算法的效果和性能得到显著提高。在数据预处理过程中，因子化、标准化、归一化、去除共线性等，会花费很多时间。这些工作简单可复制，收益稳定可预期，是机器学习的基础必备步骤。

（3）特征降维

特征降维是指在某些限定条件下降低随机变量（特征）个数，得到一组"不相关"主变量的过程，如图3-30所示。

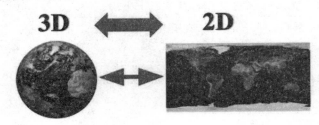

图 3-30　特征降维（来源于网络）

4. 能效优化数据模型中的特征工程

在能效优化数据模型中用到了特征预处理方式，没有用特征提取和特征降维。其中，特征提取适用于把抽象的数据转换为机器所识别的数据，如对于图像、文本以及语言的识别；特征降维适用于多特征情况下，当有成千上万个特征时就需要使用特征降维来降低特征的复杂度，不然会出现学习性能下降、过多的特征难于分辨，很难在第一时间识别某个特征代表的意义、特征冗余等问题。

对数据模型用到的特征预处理中的标准化进行展开说明。标准化公式如图3-31所示。

$$X^* = \frac{x - \mu}{\sigma}$$

图 3-31　标准化公式

其中，μ和σ代表样本的均值和标准差，为向量；X表示样本中的特征，为矩阵。最终得到标准化后的X^*。

3.4.3　模型选取

1. 模型的选择

通过预测未来机房内的温度变化趋势动态调整制冷设备的输入参数，达到最佳化使用制冷设备，从而降低PUE的目的。降低PUE的原理图，如图3-32所示。

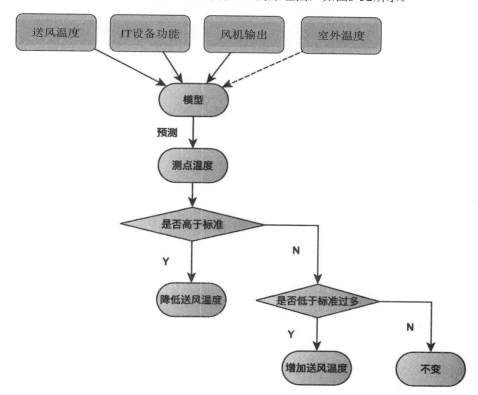

图 3-32　降低 PUE 的原理图

其中，训练样本为每5分钟的特征数据，每个样本之间都有关联性，当前时间的样本是受上一个样本影响产生的。这种数据在机器学习中称为序列数据，使用循环神经网络中的LSTM（Long Short-Term Memory，长短期记忆）来训练模型可达到较好效果。

2. 什么是LSTM

LSTM是RNN（循环神经网络）的一种，是改进之后的循环神经网络，可以解决循环神经网络在长序列训练过程中的梯度消失和梯度爆炸问题，在时间序列预测问题上有广泛应用。这里对LSTM进行简单介绍。

LSTM的一个典型内部示意图如图3-33所示。

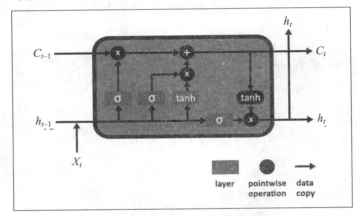

图 3-33　LSTM 内部示意图

它由若干节点和若干操作组成。其中，操作充当输入门、输出门和遗忘门，为节点状态提供信息，而节点状态负责在网络中记录长期记忆和上下文；layer表示用于学习的神经网络层；pointwise operation表示节点的运算，如加法、乘法；data copy表示数据的传输方向。

训练的每个样本都会经过图3-33操作完成，接收上一个样本生成的 C_{t-1} 和 h_{t-1}，操作后会把 C_t 和 h_t 传入下一个序列样本进行操作。

3. 总结

LSTM是通过门控状态来控制传输状态的，记住需要长时间记忆的、忘记不重要的信息，而不像普通的RNN那样仅有一种记忆叠加方式。LSTM对很多需要"长期记忆"的任务来说效果明显。

3.4.4　模型训练及超参调整

1. 模型训练

通过Python中的Keras库生成数据模型。其中，Keras是一个由Python编写的开源人工神经网络库，可以作为Tensorflow、Microsoft-CNTK和Theano的高阶应用程序接口，进行深度学习模型的设计、调试、评估、应用和可视化。

模型训练流程为提取样本数据、数据进行时序加工、数据分离、模型训练、模型验证。

（1）提取样本数据

使用Pandas、NumPy库对csv样本文件进行提取并对提取的数据进行特征和预测值生成。

```python
import pandas as pd
import numpy as np
from sklearn.model_selection import train_test_split
import keras
from keras.models import Sequential, load_model
from keras.layers import Dense, LSTM
from sklearn.metrics import mean_squared_error, r2_score


# 提取样本数据
def process_data():
    data = pd.read_csv("res3.csv")
    gl = data.loc[:, "L1视在功率（kVA）/PDU_A01_A/1-1数据机房/一层/4号楼/
卓朗科技":"L3视在功率（kVA）/PDU_E07_B/1-1数据机房/一层/4号楼/卓朗科技"]
    wd = pd.concat([
        data.loc[:, "温度/1#温湿度（热）/1-1数据机房/一层/4号楼/卓朗科技":"
温度/6#温湿度（冷）/1-1数据机房/一层/4号楼/卓朗科技"],
        data.loc[:, "温度/1#温湿度（冷）　/1-1数据机房/一层/4号楼/卓朗科技":"
温度/2#温湿度（冷）/1-1数据机房/一层/4号楼/卓朗科技"]
        ], axis=1)


    # 求和机房总功率
```

```
gl["功率"] = gl.apply(np.sum, axis=1)

# 取总功率
gl_total = gl.loc[:, "功率":]

# 对送风温度、风机输出进行标准化操作
kt = data.loc[:, "送风1温度（℃）/CRAC-1-05空调/1-1数据机房/一层/4号楼
/卓朗科技":"风机输出/CRAC-1-07空调/1-1数据机房/一层/4号楼/卓朗科技"]
kt["风机输出/CRAC-1-05空调/1-1数据机房/一层/4号楼/卓朗科技"] = kt["风机
输出/CRAC-1-05空调/1-1数据机房/一层/4号楼/卓朗科技"] / 100
kt["风机输出/CRAC-1-06空调/1-1数据机房/一层/4号楼/卓朗科技"] = kt["风机
输出/CRAC-1-06空调/1-1数据机房/一层/4号楼/卓朗科技"] / 100
kt["风机输出/CRAC-1-07空调/1-1数据机房/一层/4号楼/卓朗科技"] = kt["风机
输出/CRAC-1-07空调/1-1数据机房/一层/4号楼/卓朗科技"] / 100

fj = kt.loc[:, "风机输出/CRAC-1-05空调/1-1数据机房/一层/4号楼/卓朗科技
":"风机输出/CRAC-1-07空调/1-1数据机房/一层/4号楼/卓朗科技"]
# 风机输出求和
fj["风机"] = fj.apply(np.sum, axis=1)
# 取总风机输出
fj_total = fj.loc[:, "风机"]

sfwd = kt = data.loc[:, "送风1温度（℃）/CRAC-1-05空调/1-1数据机房/一
层/4号楼/卓朗科技":"送风1温度（℃）/CRAC-1-07空调/1-1数据机房/一层/4号楼/卓朗科技
"]
# 送风温度求和
sfwd_total = sfwd.apply(np.mean, axis=1)

# 生成特征和目标值
x = pd.concat([wd, gl_total, fj_total, sfwd_total], axis=1)
y = wd
return x, y
```

（2）数据进行时序加工

在使用LSTM进行模型训练时，LSTM训练数据是三维的，分别由样本数、时间步长、特征数量构成。其中，时间步长是用多少长度的样本数据来预测目标值的一个概念，这里使用的步长为3，通过之前15分钟数据来预测之后5分钟的目标值。

```
# 整理步长数据
def process_step_data(x, y):
    # 时间步长为3
    time_step = 3
    # 对数据按照时间步长进行整理，生成模型需求的特征和目标值
    x = x.to_numpy()
    y = y.to_numpy()
    x_ = []
    y_ = []
    for i in range(x.shape[0] - time_step):
        x_.append([a for a in x[i:i + time_step, :]])
        y_.append(y[i + time_step])
    new_x = np.array(x_)
    new_y = np.array(y_)
    return new_x, new_y
```

（3）数据分离

数据分离是指对数据进行训练集和测试集分割，可使用 sklearn 库中 model_selection.train_test_split 函数。train_test_split 函数声明如下：

```
train_test_split(*arrays,test_size=None,train_size=None,
random_state=None,shuffle=True,stratify=None)
```

- *arrays 为传入的特征值数据和目标值数据。

- test_size 为划分整体数据中测试集比例，为浮点数或整数。其中，浮点数在0.0~1.0之间，表示测试集占总样本的百分比；整数表示测试样本的样本数，若不设置则会使用系统默认值0.25。

- train_size 为划分整体数据中训练集比例，为浮点数或整数。其中，浮点数在0.0~1.0之间，表示训练集占总样本的百分比；整数表示训练样本的样本数，若不设置则会使用系统默认值0.75。

- random_state 为随机数的种子，是该组随机数的编号，在需要重复试验的时候保证得到一组一样的随机数。比如每次都将 random_state 设为1，其他参数一样的情况下将得到一样的随机数组。但是填为0或不填，每次得到的随机数组都是不一样的。

- shuffle 表示是否在拆分前对数据进行洗牌，默认为True，即打乱数据集，防止训练出现过拟合情况，

- stratify为了保持split前类的分布，用于分类数据的划分中。若为None则划分出来的测试集或训练集中其类标签的比例也是随机的。若不为None则划分出来的测试集或训练集中其类标签的比例同输入的数组中类标签的比例相同，可以用于处理不均衡的数据集。

本模型中将训练集和测试集划分比例设为8:2，使用自动随机方式。

```
# 对数据随机进行切割，分为训练集和测试集
def split_data(new_x, new_y):
    x_train, x_test, y_train_o, y_test_o = train_test_split(new_x,
new_y, test_size=0.2, random_state=0)
    print(x_train.shape, x_test.shape)
    return x_train, x_test, y_train_o, y_test_o
```

（4）模型训练

创建两层隐藏层的LSTM网络模型，其中第1层为32个神经元、第2层为16个神经元。由于LSTM输入特征为三维，因此需要对模型输入前两维的数据。激活函数我们使用relu，可以更快达到最优解。keras.optimizers.Adam()对学习率进行动态优化来找到全局最优解。

```
# 训练模型及保存
def training_model(x_train, y_train_o):
    # 初始化模型
    model = Sequential()
    # 第1层隐藏层
    model.add(LSTM(units=32, input_shape=(x_train.shape[1],
x_train.shape[2]), activation=keras.activations.relu,
return_sequences=True))
    # 第2层隐藏层
    model.add(LSTM(units=16, activation=keras.activations.relu))
    # 输出预测值
    model.add(Dense(9, activation=keras.activations.linear))
    model.summary()
    # 对损失进行优化，运用梯度下降方法动态调整梯度下降中的学习率
    model.compile(loss=keras.losses.mean_squared_error,
optimizer=keras.optimizers.Adam(learning_rate=0.0001))
    # 进行模型训练，迭代100次
    model.fit(x_train, y_train_o, epochs=100)
```

```
# 模型保存
model.save('./model.h5')
```

在使用keras创建模型时会把每一层具体的神经元、参数（权重）、最终输出数量显示出来，最后会列出一共需要多少个参数（权重），如图3-34所示。

```
Model: "sequential"
_____
Layer (type)                  Output Shape              Param #
===============================================================
lstm (LSTM)                   (None, 3, 32)             5760
_____
lstm_1 (LSTM)                 (None, 16)                3136
_____
dense (Dense)                 (None, 9)                 153
===============================================================
Total params: 9,049
Trainable params: 9,049
Non-trainable params: 0
```

图 3-34　模型具体参数示例

在训练过程中会显示每次迭代的成果，损失不断减小（证明梯度在逐渐下降），逐渐逼近最优点，如图3-35所示。

```
Epoch 1/100
2570/2570 [==============================] - 9s 2ms/step - loss: 48.0496
Epoch 2/100
2570/2570 [==============================] - 5s 2ms/step - loss: 0.2647
Epoch 3/100
2570/2570 [==============================] - 5s 2ms/step - loss: 0.1884
Epoch 4/100
2570/2570 [==============================] - 5s 2ms/step - loss: 0.1597
Epoch 5/100
2570/2570 [==============================] - 5s 2ms/step - loss: 0.1397
Epoch 6/100
2570/2570 [==============================] - 5s 2ms/step - loss: 0.1260
Epoch 7/100
2570/2570 [==============================] - 5s 2ms/step - loss: 0.1120
Epoch 8/100
2570/2570 [==============================] - 5s 2ms/step - loss: 0.1015
```

图 3-35　模型训练过程数据显示

（5）模型验证

模型训练完成后需要对模型进行验证，验证预测是否准确。由于是回归问题，因此使用sklearn库中的r2_score函数对回归问题准确率进行计算、使用mean_squared_error 函数对回归问题均方误差进行计算，同时验证训练集准确率和测试集准确率。

```python
# 训练集和测试集结果预测
def forecast(x_train, x_test, y_train_o, y_test_o):

    # 加载模型
    model = load_model('./model.h5')
    # 预测训练集数据
    y_train_predict = model.predict(x_train)
    train_r2_s = r2_score(y_train_o, y_train_predict)
    train_mse = mean_squared_error(y_train_o, y_train_predict)
    print("训练集准确率:", train_r2_s * 100, "均方误差:", train_mse)
    # 预测测试集数据
    y_test_predict = model.predict(x_test)
    test_r2_s = r2_score(y_test_o, y_test_predict)
    test_mse = mean_squared_error(y_test_o, y_test_predict)
    print("测试集准确率:", test_r2_s * 100, "均方误差:", test_mse)
```

不论是训练集还是测试集，准确率还是挺高的，均方误差较小（每次训练后准确率、误差都会有小浮动的变化），如图3-36所示。

```
训练集准确率: 99.28868850306304 均方误差: 0.03174356860208483
测试集准确率: 99.20424795712363 均方误差: 0.03617949040736098
```

图3-36　准确率、均方误差示例

（6）执行主函数

在主函数中对各个功能的函数进行调用：

```python
def main():
    x, y = process_data()
    new_x, new_y = process_step_data(x, y)
    x_train, x_test, y_train_o, y_test_o = split_data(new_x, new_y)
    training_model(x_train, y_train_o)
    forecast(x_train, x_test, y_train_o, y_test_o)
```

```
if __name__ == '__main__':
    main()
```

如果在运行时遇到错误"AttributeError: module 'keras.utils.generic_utils' has no attribute 'populate_dict_with_module_objects'"，就在keras包中utils目录下的generic_utils.py 文件下增加如下代码：

```
def populate_dict_with_module_objects(target_dict, modules,
obj_filter):
    for module in modules:
      for name in dir(module):
        obj = getattr(module, name)
        if obj_filter(obj):
          target_dict[name] = obj
```

如果遇到报错"AttributeError: module 'keras.utils.generic_utils' has no attribute 'to_snake_case'"，就在keras包中utils目录下的generic_utils.py 文件下增加如下代码：

```
import re
def to_snake_case(name):
  intermediate = re.sub('(.)([A-Z][a-z0-9]+)', r'\1_\2', name)
  insecure = re.sub('([a-z])([A-Z])', r'\1_\2', intermediate).lower()
  # If the class is private the name starts with "_" which is not secure
  # for creating scopes. We prefix the name with "private" in this case.
  if insecure[0] != '_':
    return insecure
  return 'private' + insecure
```

2. 超参调整

参数是我们在过程中想要模型学习到的信息（模型自己能计算出来），例如W。而超参数（hyper parameters）为控制参数的输出值的一些网络信息（需要用经验判断）。超参数的改变会导致最终得到的参数W的改变。

（1）什么是超参数

典型的超参数有如下几种：

- 迭代次数：N。

- 隐藏层的层数：L。

- 每一层的神经元个数：$n[1]$，$n[2]$，....。

- 学习速率：α。

- 激活函数$g(z)$的选择。

当开发新应用时，预先很难准确知道超参数的最优值是什么。因此，通常需要尝试很多不同的值。应用深度学习领域是一个很大程度基于经验的过程。

下面我们以训练时的具体情况讲解超参调整。在训练一个模型时，如果模型表现的不理想，一般会出现两种情况：一种是偏差，也叫欠拟合；另一种是方差，也叫过拟合。

在训练过程中，要知道到底是欠拟合还是过拟合情况，还是两种都有；以及哪种情况对于模型的准确是至关重要的：训练集和验证集误差都很高，而且训练集误差和验证集误差近似时为偏差/欠拟合；训练集误差低，验证集误差高，而且验证集误差远远大于训练集误差时为方差/过拟合。在图3-37中，直线左半部分为欠拟合情况，直线右半部分为过拟合情况。

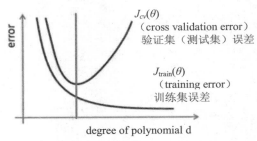

图 3-37 验证集、训练集误差分布图

（2）优化方式

① 偏差/欠拟合优化方式：

- 增加模型训练时的迭代值epochs，使模型训练更长一些。

- 增加隐藏层神经单元数量或增加隐藏层数量，使模型分析更多特征间的联系。

- 寻找合适的网络架构，使用更大的网络结构，如AlexNet、vgg、GoogLeNet等。

② 方差/过拟合优化方式：

- 收集更多的数据，使训练能够包含所有可能出现的情况，增加模型的泛化能力。

- 尝试减少特征的数量，降低模型的复杂度。

- 尝试增加正则化程度（惩罚项），在神经网络中增加Dropout正则化，降低模型的复杂度。

（3）优化神经网络示例

对选取隐藏层神经元个数进行组合，选择最优的隐藏层神经元个数，示例代码如下：

```
import keras
from keras import layers
import matplotlib.pyplot as plt
from sklearn.metrics import mean_squared_error, r2_score
from sklearn.preprocessing import StandardScaler
from sklearn.model_selection import train_test_split
import pandas as pd

class NN_Model:

    def __init__(self, neurons, x_train, d=0):
        self.model = keras.Sequential()
        self.model.add(layers.Dense(neurons[0],
input_dim=x_train.shape[1], activation="relu", name='hidden_1'))
        self.model.add(layers.Dropout(d))
        self.model.add(layers.Dense(neurons[1], activation="relu",
name='hidden_2'))
        self.model.add(layers.Dropout(d))
        self.model.add(layers.Dense(neurons[2], activation="tanh",
name='hidden_3'))
        self.model.add(layers.Dropout(d))
        self.model.add(layers.Dense(neurons[3], name='output'))
        self.model.summary()
        self.model.compile(optimizer=keras.optimizers.Adam(),
loss='mse')

    def train_model(self, x_train, y_train, x_test, y_test):
        callbacks = [keras.callbacks.ReduceLROnPlateau
```

```
(monitor='val_loss', patience=3, factor=0.5, min_lr=0.0001)]
        self.model.fit(x_train, y_train,
                validation_data=(x_test, y_test),
                epochs=100,
                callbacks=callbacks)
        return self.model

    def test_model(self, model, x_test, y_test):
        y_predict = model.predict(x_test).tolist()
        y_test_list = list(y_test)
        for i in range(len(y_test)):
            print(y_predict[i], y_test_list[i])
        error = mean_squared_error(y_test, y_predict)
        r2 = r2_score(y_test, y_predict)
        print("均方误差:{}, r2:{}".format(error, r2))
        return error

# 标准化数据
def standard_data(x_train, x_test):
    transfer = StandardScaler()
    x_train = transfer.fit_transform(x_train)
    x_test = transfer.fit_transform(x_test)
    return x_train, x_test

# 预测目标
def calculate_target(data):
    X = data.drop(['time', '当前温度', '下一小时温度', '当前湿度', '下一小
时湿度'], axis=1)
    y = data['下一小时温度']
    return X, y

neuronlist1 = [64, 128, 256]
neuronlist2 = [16, 32, 64]
neuronlist3 = [16, 32, 64]

# 优化神经网络单元
def update_neurons(x_train, y_train, x_test, y_test):
    neurons_result = {}
    for a in neuronlist1:
```

```
        for b in neuronlist2:
            for c in neuronlist3:
                neuron_list = [a, b, c, 1]
                nn_model = NN_Model(neuron_list, x_train)
                model = nn_model.train_model(x_train, y_train, x_test,
y_test)
                error = nn_model.test_model(model, x_test, y_test)
                neurons_result[str(neuron_list)] = error
    new_neurons_list = sorted(neurons_result.items())
    print(new_neurons_list)
    x, y = zip(*new_neurons_list)

    plt.title('Finding the best hyperparameter')
    plt.xlabel('neurons')
    plt.ylabel('Mean Square Error')

    plt.bar(range(len(new_neurons_list)), y, align='center')
    plt.xticks(range(len(new_neurons_list)), x)
    plt.xticks(rotation=90)

    plt.show()

if __name__ == '__main__':
    data = pd.read_csv('./final_new_data.csv', encoding='utf-8')
    X, y = calculate_target(data)
    x_train, x_test, y_train, y_test = train_test_split(X, y,
test_size=0.2)
    x_train, x_test = standard_data(x_train, x_test)
    update_neurons(x_train, y_train, x_test, y_test)
```

最终我们可以使用图形化来选取最优的网络结构，如图3-38所示。

通过这个示例还可以扩展到隐藏层数、每层隐藏层dropout数以及其他超参数优化，以上示例只是对于一个超参的调整，但是各个超参之间是有关联性的，具体如何达到模型的最优结构往往在很大程度上是基于经验的。

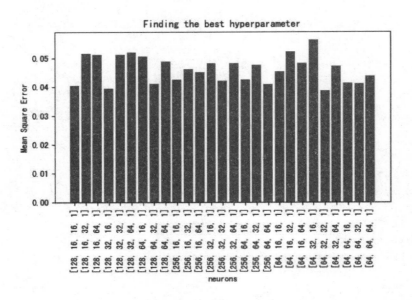

图 3-38　各种网络结构均方误差

3.5　数据模型对机房能耗的帮助

本节通过对现有数据、预测效果分析及成功案例来体现数据模型对降低机房能耗的帮助。

3.5.1　现有数据分析及预测效果分析

1. 现有数据分析

通过分析PUE查看可优化指标，对数据中心的制冷设备、供配电设备、照明设备以及监控、消防设备等进行优化，查看优化空间的指标。其中，制冷设备优化空间较大，优化后PUE降低明显。

以卓朗科技天津湘潭道数据中心为例（以下简称数据中心），此数据中心用电量百分比如图3-39所示。

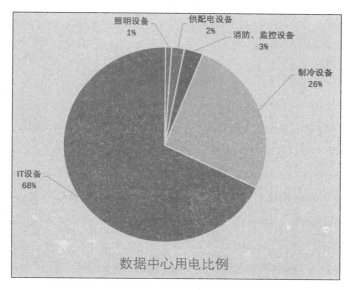

图 3-39　数据中心用电百分比例

在3.4.1节中已对如何降低制冷设备能耗进行了分析，最终确定控制精密空调温度来达到降低制冷设备能耗的方法。这里再详细分析一下具体过程。

该数据中心使用水冷制冷设备，包括精密空调、冷冻水泵、板式换热器、制冷机组、冷却水泵、冷却塔等。北方一年四季的平均气温较低，大部分时候可以使用室外冷却塔来提供机房温度降温，在炎热季节开启制冷机组来满足机房温度的要求。在3.4.1节中我们分析得出空调送风温度与空调功率之间的联系，在送风温度调高后相应的空调功率变低，空调使用电量相应变低，同时考虑温度越低开启的制冷机组、冷冻水泵、冷却水泵的数量以及时间的情况也会相应减少，可以降低制冷设备能耗。

具体可以调高温度的极限值是按照IT设备相应温度标准、数据中心制冷设备冗余能力、故障响应解决时间综合制定的，本数据中心结合实际情况把温度制定到27℃，读者可以根据数据中心实际情况来确定该值。

2. 预测效果分析

通过观察模型对精密空调的送风温度控制并手动调节回风温度，发现开启制冷机组时间明显减少，开启冷却水泵、冷冻水泵数量明显减少，统计每月制冷设备用电量也相应减少，PUE较原先降低0.1左右。

3.5.2 其他企业成功案例

1. 谷歌

2016年7月，谷歌宣布经过两年多的数据收集和研究，将人工智能引入数据中心能耗管理中，辅助对能耗进行管理，通过神经网络建立PUE模型，提出了基于机器学习技术的数据中心能耗管理方法。谷歌宣称该项技术在实际应用中可将总制冷功耗降低约40%，从而将数据中心的总功耗降低约15%，举例来说，一个PUE值为1.4的数据中心采用该项技术后将降低到1.19左右。谷歌相信将人工智能应用于数据中心的能耗管理是在该领域的重大突破，该项技术将成为业界未来的主流。图3-40、图3-41为谷歌圣吉斯兰数据中心和内部服务器的照片。

图 3-40　谷歌圣吉斯兰数据中心（来源于谷歌数据中心图库）

图 3-41　谷歌圣吉斯兰内部服务器（来源于谷歌数据中心图库）

2. 百度

百度把人工智能技术引入数据中心，通过建立数据中心深度学习模型，来降低PUE指标并对数据中心运营情况进行实时监控。比如冷水机组三种模式的运行通过人工智能自动进行判断：根据室外天气温度、湿度、数据中心负荷、冷却池温度等特征来切换节约模式、制冷模式和预冷模式。此外，人工智能还能实现智能预警，通过负载预判设备运行情况给出维护建议及策略。百度（阳泉）数据中心的负责人说："人工智能的智能化是后续数据中心运营的一个方向，最终将实现无人值守"。图3-42、图3-43为百度阳泉数据中心照片。

图 3-42   百度阳泉数据中心（来源于网络）

图 3-43   水冷背板机柜（来源于网络）

3. 华为

华为基于人工智能的iCooling数据中心能效优化解决方案，从数据中心制冷效率角度进行提升，通过机器深度学习对大量的历史数据进行业务分析，探索影响能耗的关键因素，获取PUE的预测模型，再基于预测模型获取与PUE敏感的特征值，利用特征值进行业务训练，输出业务的预测模型。最终通过规范化的实践引导和目标导向评测不断调整优化获取均衡PUE。最后利用系统可调整的参数作为输入，将PUE预测模型、业务预测模型作为约束，利用寻优算法获取调优参数组下发到控制系统，实现制冷系统的控制。

PUE预测模型、特征的选取、业务模型搭建、评测模型调优这些都在使用人工智能技术。iCooling技术已经应用在多个大型数据中心，实现数据中心制冷智能化，实际测量可有效降低数据中心PUE约8%~15%。

图3-44为华为漳州数据中心的局部照片，图3-45为华为IDS2000模块化数据中心的局部照片。

图 3-44　华为漳州数据中心（来源于网络）

图 3-45　IDS2000 模块化数据中心（来源于网络）

3.6   本章小结

3.1节介绍了人工神经网络的基础概念、神经网络的由来、历史发展、几种神经网络模型以及神经网络的应用领域，对神经网络有一个全方面的了解。3.2节对神经网络理论基础进行介绍，在神经网络数学理论中通过对异或问题举例来对数学公式进行进一步的阐释，算法理论通过使用Python中的Numpy库来训练一个预测异或问题的模型。3.3节对数据采集方式（数据中心一般采用动环监控系统进行数据采集和收集）以及动环系统的特性进行介绍。3.4节从模型的搭建、训练角度逐步展开内容讲解了模型从无到有以及最后如何优化的过程。3.5节对数据中心能耗方面的内容进行介绍，概述了目前几个大型企业的数据中心均使用人工智能技术来改善及优化数据中心能耗方面的问题，并且从PUE数值来看比以前有了明显改善。

第 4 章

构建 3D 可视化的
数字孪生体

数字孪生强调仿真、建模、分析和辅助决策，侧重的是物理世界对象在数据世界的重现、分析、决策，而可视化做的就是对物理世界的真实复现和决策支持，与数字孪生可视化决策产品功能特性不谋而合。搭建一个完整的包含数据中心在内的园区3D可视化场景，能够有效地整合园区运营的各类信息资源，并且基于三维可视化场景，将园区内外部环境、建筑、产业分布、楼宇内部结构以及具体设备运行情况进行精准复现。通过人工智能与大数据收集分析获取的大量数据，也可以在三维可视化场景上非常直观地展示出来。在这一部分，本书将通过一则数据中心的可视化样例帮助读者学习了解如何创建三维可视化场景的载体——3D模型，以及提供合理的交互来展示大量的数据信息。

4.1 搭建数据中心 3D 模型

要完成搭建数据中心3D模型的目标，我们首先梳理一下从无到有完成数字孪生3D可视化需求的目标流程：首先需要明确要实现的3D模型需求。一个完整的可视化项目需求会包括3D场景模型的展示、各个场景间的切换、设备模型展示与相关数据展示。有了需求我们就可以选择合适的开发框架进行开发，设计开发模型文件，加载模型文件完成逻辑交互，对接后台数据（一般由动环或其他采集系统提供）展示数据内容。

　　本书将利用第4、5章的内容以开发者的角度一步一步地实现全部开发流程，最终初步实现一个完整的数据中心3D模型项目。

　　示例代码需要执行npm install或yarn命令安装对应依赖，此外代码仓库由git管理，读者可以通过git命令行切换分支查看对应章节的代码。

4.2　技术选型—— ThreeJS 的优势

　　创建3D模型，首先需要选择合适的开发工具。目前在数字孪生的应用中创建3D模型的主要开发工具有ThingJS、ThreeJS、Unity3D等。下面简要介绍一下各个工具的优势与劣势。

　　ThingJS是优锘提供的物联网可视化PaaS开发平台，可帮助开发商轻松集成3D可视化界面，是目前国内比较成熟的工业互联网3D模型解决方案，提供了完善的开发工具、模型与教程文档，使用起来便捷、容易上手，大多数具备前端开发经验的工程师都可以很快地熟悉掌握ThingJS的开发并完成3D模型的搭建。ThingJS的缺点是平台限制，在实际应用中可能出现无法实现的业务场景，而且本身并非开源代码，使用价格比较高。

　　Unity3D更多是以游戏引擎被大家所熟知，实际上也被广泛地用于打造可视化产品以及构建交互式和虚拟体验。使用游戏引擎（不仅仅是Unity3D，也包括如UE4等其他引擎）打造3D模型的效果是所有方案中最好的，加载完成后模型流畅度高、交互体验非常友好，但本身学习成本很高、开发周期较长、加载速度较慢。在商业使用上，由游戏引擎开发的项目往往需要以应用程序的方式承载，不同于基于Web开发的项目通过网址即可访问，这也导致了在内容传播上的局限性。

　　ThreeJS是基于原生WebGL封装运行的三维引擎，在所有WebGL引擎中，ThreeJS是国内资料最多、使用最广泛的三维引擎，可以自由实现各类3D可视化场景，本身是轻量级的开发框架，非常适合做数字孪生系统内的数据可视化解决方案。ThreeJS为开源框架，使用时无须付费。

　　总而言之，三种方案各有利弊。对于数字孪生的数据可视化场景而言，3D模型最重要的作用是成为展示数据的载体，ThreeJS这个轻量级的框架对于只展示这个场景非常友好，所以本书采用ThreeJS为3D模型框架，引导读者完成数据中心3D模型的创建。

在开始介绍项目代码之前，我们先简要地了解一下ThreeJS的整体项目结构，如图4-1所示。在后边的章节中，我们会一步步地介绍与编写整个项目中各个部分的内容。

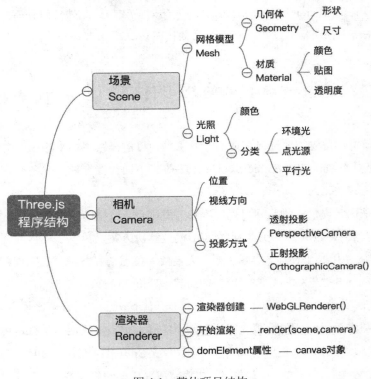

图 4-1　整体项目结构

4.3　加载数据中心模型文件

创建数据中心3D可视化系统的第一步是加载整个3D系统需要的模型文件，包括园区、数据中心楼宇、数据中心内的各类设备，例如机柜、空调等。这些模型文件会为开发者提供对应的几何体。ThreeJS提供了大量创建几何体的API，例如立方体模型BoxGeometry、球体模型SphereGeometry等。实际上开发者在开发一个3D模型的时候使用基础的几何体创建模型效率太低，开发人员通常会直接加载由3D美术设计师或建筑、机械等行业工程师提供的由3dsmax、C4D、Blender、Substence、SolidWorks等软件创建好的三维模型文件。

4.3.1　使用 FBXLoader 加载数据模型

　　3D建模软件生成的模型文件包括非常多的类型，这里使用其中的FBX类型文件。下面我们开始编写代码，搭建数据中心的3D模型。

　　首先初始化项目（本文使用React框架开发），之后将使用的3D模型文件放到public目录下，并引入对应的ThreeJS依赖（本文使用TS开发，所以代码中还引入了TS的依赖）。

```
"dependencies": {
    "@testing-library/jest-dom": "^5.11.4",
    "@testing-library/react": "^11.1.0",
    "@testing-library/user-event": "^12.1.10",
    "@types/jest": "^26.0.15",
    "@types/node": "^12.0.0",
    "@types/react": "^17.0.0",
    "@types/react-dom": "^17.0.0",
    "react": "^17.0.2",
    "react-dom": "^17.0.2",
    "react-scripts": "4.0.3",
    "three": "0.124.0",
    "typescript": "^4.1.2",
    "web-vitals": "^1.0.1"
},
```

　　然后将设计师提供的3D文件加载进来，利用ThreeJS提供的非常便利的API——FBXLoader来完成。

```
//引入加载器
import { FBXLoader } from "three/examples/jsm/loaders/FBXLoader"
//创建加载器实例
var loader = new THREE.FBXLoader();
//加载模型文件
loader.load('../js/fbx/3D模型.fbx', function (fbx) {
});
```

　　代码非常简单，为了我们更方便地使用模型文件，在实际使用时使用一个Loader类来统一管理，根据业务需求需要加载园区和园区下的数据中心两个模型文件。

```
//引入依赖
import { FBXLoader } from "three/examples/jsm/loaders/FBXLoader"
import * as THREE from "three"

export default class Loader {
    //loader实例
    private loader = new FBXLoader()
    //类内部统一的执行loader.load方法
    private load(url: string, func: (object: THREE.Group) => void) {
        this.loader.load(url, (obj) => func(obj))
    }
    //对外暴露的园区模型文件加载方法
    loadPark(func: (object: THREE.Group) => void) {
        this.load(`${process.env.PUBLIC_URL}/卓朗园区04091607new
(3Dmax).FBX`, (obj) => {
            obj.name = 'park'
            func(obj)
        })
    }
    //对外暴露的数据中心模型文件加载方法
    loadDataCenter(func: (object: THREE.Group) => void) {
        this.load(`${process.env.PUBLIC_URL}/数据中心.fbx`, (obj) => {
            obj.name = 'dataCenter'
            func(obj)
        })
    }
}
```

　　根据数据中心的业务需求，除了园区、数据中心两个模型文件之外，还需要加载大量设备模型。如果不对加载方式做出优化，那么当最终用户打开网址查看模型的时候，一次性大量loader函数的执行会导致页面卡顿非常严重，从而影响用户体验。所以，要在Loader类内部对load方法做出优化：一方面，将文件加载放入一个缓存队列依次加载；另一方面，遇到已经加载过的模型文件时，不再通过读取FBX模型文件而是通过ThreeJS提供的clone方法将已加载过的模型进行复制后再使用。修改后的Loader类如下：

```
import { FBXLoader } from "three/examples/jsm/loaders/FBXLoader"
import * as THREE from "three"
```

```
export default class Loader {
    //loader实例
    private loader = new FBXLoader()
    //加载状态标记位
    private isLoading = false
    //模型缓存
    private models = new Map()
    //等待加载
    private waitLoadUrl: { [key: string]: Array void> } = {}
    //对外暴露的园区模型文件加载方法
    loadPark(func: (object: THREE.Group) => void) {
        this.load(`${process.env.PUBLIC_URL}/卓朗园区04091607new
(3Dmax).FBX`, (obj) => {
            obj.name = 'park'
            func(obj)
        })
    }
    //对外暴露的数据中心模型文件加载方法
    loadDataCenter(func: (object: THREE.Group) => void) {
        this.load(`${process.env.PUBLIC_URL}/数据中心.fbx`, (obj) => {
            obj.name = 'dataCenter'
            func(obj)
        })
    }
    //带缓存的加载
    private load(url: string, func: (object: THREE.Group) => void) {
        const has = this.models.has(url)
        if (has) {
            const obj = this.models.get(url)!
            func(this.cloneObject(obj))
        } else {
            if (!(url in this.waitLoadUrl)) {
                this.waitLoadUrl[url] = [];
            }
            this.waitLoadUrl[url].push(func)
            if (!this.isLoading) {
                this.startLoad()
            }
        }
    }
```

```
    }
    //加载模型并存入缓存
    private startLoad() {
        this.isLoading = true
        const keys = Object.keys(this.waitLoadUrl)
        if (keys.length > 0) {
            const [url] = keys
            this.loader.load(url, (obj) => {
                this.models.set(url, obj)
                this.waitLoadUrl[url].forEach((func) => {
                    func(this.cloneObject(obj))
                })
                delete this.waitLoadUrl[url]
                this.startLoad()
            }, undefined, (error) => {
                delete this.waitLoadUrl[url]
                this.startLoad()
            })
        } else {
            this.isLoading = false
        }
    }
    //克隆对象
    private cloneObject(obj: THREE.Group) {
        const o = obj.clone(true)
        o.traverse((item) => {
            if (item instanceof THREE.Mesh) {
                if (item.material instanceof Array) {
                    item.material = item.material.map((mat) => {
                        return mat.clone()
                    })
                } else {
                    item.material = item.material.clone()
                }
            }
        })
        if (obj.animations.length > 0) {
            o.animations = obj.animations.map((animation) => {
                return animation.clone()
```

```
        })
    }
    return o
  }
}
```

4.3.2　其他加载器与模型文件

现在3D模型软件生成的模型文件类型非常多，虽然ThreeJS提供了数量繁多的加载器类型以加载不同类型的模型文件，但是其中的某些格式难以使用、效率低下或者还未完全支持，所以选择正确的格式将在以后节省时间和成本。图4-2列举了ThreeJS常用的加载器。

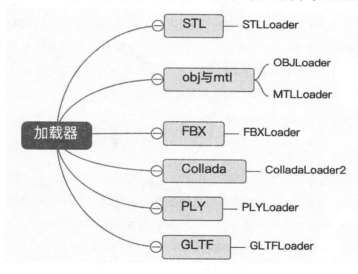

图 4-2　常用加载器分类

不同类型的模型文件最大的差异是提供的内容不相同。举例来说，STL类型的模型文件在加载后只提供几何体顶点数据的信息，可以简单地把STL文件理解为几何体对象（Geometry），并不包含材质（Material）信息。对于绝大多数数字孪生场景下的3D建模需求，开发者都需要完整的模型信息，包括网格、材质、纹理、蒙皮、骨骼、变形动画、骨骼动画、灯光以及相机。官方推荐使用的3D模型格式为glTF，因为glTF专注于传输，它的传输和解析的速度都很快。除此之外，ThreeJS定期维护，并且FBX、OBJ或者DEA格式也都是常用的模型类型。

1. FBX类型

FBX最大的用途是在3dsmax、Maya、Softimage等软件间进行模型、材质、动作和摄影机信息的互导，这样就可以发挥3dsmax和Maya等软件的优势了。可以说，FBX方案是最好的互导方案。这是一种对设计师友好的类型，尤其是对骨骼、蒙皮和动作序列有很好的支持，是时下比较常用的模型类型。

使用的加载器为Three.FBXLoader。

2. glTF类型

glTF是一种可以减少3D格式中与渲染无关的冗余数据并且在更加适合OpenGL簇加载的一种3D文件格式。glTF的提出源自于3D工业和媒体发展的过程、对3D格式统一化的急迫需求。glTF是对近二十年来各种3D格式的总结，使用最优的数据结构来保证最大的兼容性以及可伸缩性。作为官方的推荐类型，glTF无疑是对Web渲染最友好的类型，目前GitHub上很多模型加载优化的框架比较推荐使用此类型。

使用的加载器为Three.GLTFLoader。

3. OBJ类型

OBJ文件是一套基于工作站的3D建模和动画软件Advanced Visualizer开发的一种标准3D模型文件格式，很适合用于3D软件模型之间的互导。目前几乎所有知名的3D软件都支持OBJ文件的读写。OBJ文件是一种文本文件，可以直接用写字板打开进行查看和编辑修改，但是不包含动画、材质特性、贴图路径、动力学、粒子等信息，所以一般会伴随一个mtl格式的材质文件。开发者可以按需加载。

使用的加载器为Three.OBJLoader，材质文件加载器为Three.MTLLoader。

4. COLLADA类型

后缀为.dea的模型文件为COLLADA类型模型文件，是一个基于XML格式、便于应用之间传输的文件类型。COLLADA类型虽然在很多时候被认为是FBX类型的替代品，相比FBX，对COLLADA格式模型的载入可以有较高的自定义方式，但是对比较复杂。

使用的加载器为THREE.ColladaLoader。

4.4　设置场景、相机与控制器

在加载好3D模型之后，下一步需要将模型展现在网页上。要完成这一步，需要使用ThreeJS非常重要的4个核心类——场景（Scene）、渲染器（WebGLRenderer）、相机（Camera）以及控制器（Controls）。本章将依次介绍这4个核心类的使用方式。

4.4.1　场景、渲染器与 ThreeJS 坐标系

1. 场景

Scene（场景）对象是ThreeJS的核心对象，继承自Object3D对象。既然场景和其他大多数ThreeJS元素一样是一个3D几何体，我们可以把它理解成放置其他元素的盒子，无论是已经加载好的模型还是之后会涉及的其他模型以及相机、灯光等ThreeJS元素都需要通过添加到场景上的方式才能展现给用户。Scene的核心用法非常简单：

```
var scene = new THREE.Scene(); //创建场景对象Scene

//构建一个可放入场景的对象，这里创建Mesh仅做示例，也可以直接add通过loader
//加载的模型或其他元素
//创建一个立方体几何对象Geometry
var geometry = new THREE.BoxGeometry(100, 100, 100);
//材质对象Material
var material = new THREE.MeshLambertMaterial({ color: 0x0000ff });
var mesh = new THREE.Mesh(geometry, material);   //网格模型对象Mesh

scene.add(mesh);      //网格模型添加到场景中
scene.remove(mesh); //移除网格模型
```

和之前的Loader类相同，我们同样创建一个类来统一管理项目中的Scene。

```
import * as THREE from "three"
import { Sky } from 'three/examples/jsm/objects/Sky'

export default class Scene {
   scene: THREE.Scene
```

```
        sky: Sky
        sun: THREE.Vector3
        constructor() {
            this.scene = new THREE.Scene()
            //为了美观，这里为这个场景添加一个天空盒的效果
            //简单理解就是给场景的3D几何体的6个面各添加一张贴图
            const cubeLoader = new THREE.CubeTextureLoader();
            const textureCube = cubeLoader.setPath(`${process.env.
PUBLIC_URL}/sky/`).load([
                "posx.jpeg",
                "negx.jpeg",
                "posy.jpeg",
                "negy.jpeg",
                "posz.jpeg",
                "negz.jpeg"
            ]);
            this.scene.background = textureCube
            this.sky = new Sky()
            this.sun = new THREE.Vector3()
        }
    }
```

2. 渲染器

为了使网页可以方便地使用WebGL渲染3D场景，ThreeJS提供了WebGLRenderer渲染器。开发者可以通过将WebGLRenderer实例下的domElement添加至body的方式将3D场景展现在网页上，基本用法如下：

```
//创建实例
var renderer = new THREE.WebGLRenderer();
//设置大小与背景颜色
var width = window.innerWidth; //窗口宽度
var height = window.innerHeight; //窗口高度
renderer.setSize(width, height);//设置渲染区域尺寸
renderer.setClearColor(0xb9d3ff, 1); //设置背景颜色
//在body元素中插入canvas对象
document.body.appendChild(renderer.domElement);
//执行渲染操作，指定场景、相机作为参数
renderer.render(scene, camera);
```

　　和之前一样，在项目中我们同样使用一个class来统一管理，并且在创建渲染器的时候对渲染器的部分属性做出了调整，各属性的作用可参考注释或官方文档。最终Renderer类的代码如下：

```
import * as THREE from "three"

export default class Renderer {
    renderer: THREE.WebGLRenderer
    constructor() {
        this.renderer = new THREE.WebGLRenderer({
            antialias: true,    //是否执行抗锯齿
            alpha: true,    //canvas是否包含alpha (透明度)
            logarithmicDepthBuffer: true    //是否使用对数深度缓存
        })
        this.renderer.autoClear = true //是否在渲染每一帧之前自动清除其输出
        this.renderer.setClearColor(0xcccccc)   //设置颜色及其透明度
        //设置设备像素比
        this.renderer.setPixelRatio(window.devicePixelRatio)
        //将输出canvas的大小调整为(width, height)
        this.renderer.setSize(window.innerWidth, window.innerHeight)
        this.renderer.gammaFactor = 1.5   //gamma矫正
        this.renderer.outputEncoding = THREE.GammaEncoding
        this.renderer.shadowMap.enabled = false   //阴影设置
        this.renderer.shadowMap.type = THREE.PCFSoftShadowMap
        //是否使用物理上正确的光照模式
        this.renderer.physicallyCorrectLights = false
        this.renderer.toneMappingExposure = 1   //色调映射的曝光级别
        //色调映射的白点
        this.renderer.toneMapping = THREE.NoToneMapping
    }
    //对外暴露的添加方法
    addSubview(body: HTMLElement) {
        body.appendChild(this.renderer.domElement)
    }
    //额外预留的添加Web事件方法
    addEventListener(type: K, listener: (ev: HTMLElementEventMap[K]) =>
void) {
        this.renderer.domElement.addEventListener(type, listener)
```

```
            return () => { this.renderer.domElement.removeEventListener
(type, listener) }
        }
    }
```

3. ThreeJS坐标系

ThreeJS使用右手坐标系，如图4-3所示。

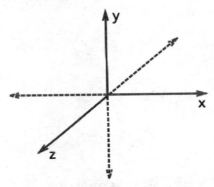

图 4-3　ThreeJS 坐标系

在开始学习的时候，ThreeJS提供了一个非常便捷的API——AxisHelper，通过此对象可以在页面上显示坐标轴，方便查看对应位置，代码如下：

```
//坐标轴辅助
var axes = new THREE.AxisHelper(10);
scene.add(axes);
```

4.4.2　相机

相机决定了用户以怎样的方式或角度观看场景以及场景内的事物。ThreeJS提供了多种相机投影类型，其中应用于绝大多数场景的相机投影类型为透视相机（PerspectiveCamera）。这一投影模式被用来模拟人眼所看到的景象，它是3D场景的渲染中使用得最普遍的投影模式。

PerspectiveCamera的使用方式也十分简单，同样我们定义一个class来管理整个项目的相机。

```
import * as THREE from "three"

export default class Camera {
    camera: THREE.PerspectiveCamera
    constructor() {
        this.camera = new THREE.PerspectiveCamera(45, window.innerWidth
/ window.innerHeight, 0.01, 100000);
        //决定了相机的位置
        this.camera.position.set(0, 0, 200);
        //决定了相机的朝向
        this.camera.lookAt(0, 0, 0);
        window.onresize = this.onWindowResize
    }
    //定义了在窗体size改变时相机跟随更新
    onWindowResize = () => {
        this.camera.aspect = window.innerWidth / window.innerHeight;
        this.camera.updateProjectionMatrix()
    }
}
```

PerspectiveCamera构筑函数声明如下：

```
PerspectiveCamera( fov : Number, aspect : Number, near : Number, far :
Number )
```

其中包含4个参数，各个参数决定效果如图4-4所示。

- fov：摄像机视锥体垂直视野角度，fov越大看到的东西越多，默认值为50。
- aspect：摄像机视锥体长宽比，默认值为window.innerWidth/window.innerHeight。
- near：摄像机视锥体近端面。
- far：摄像机视锥体远端面。

ThreeJS通过计算相机与虚拟物体、光源的位置，通过渲染器就可以在2D的网页上渲染出我们想要的3D模型，如图4-5所示。

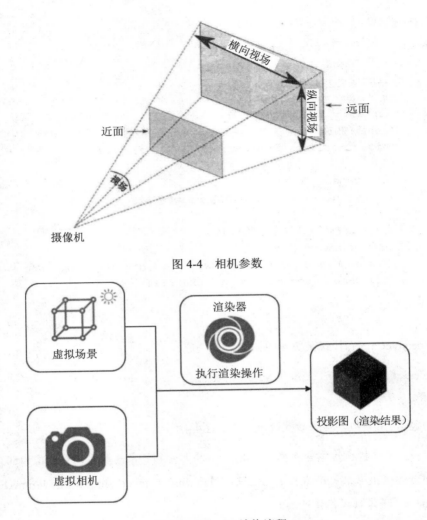

图 4-4　相机参数

图 4-5　ThreeJS 渲染流程

4.4.3　控制器

ThreeJS提供了多种控制器，这些控制器的作用就是让用户可以简单地控制场景，实现场景用鼠标交互，让系统的3D场景动起来，控制场景的旋转、平移、缩放。其中，使用最多的一种是轨道控制器（OrbitControls），它的作用是使相机根据用户的操作围绕一个特定的点旋转，从而更好地查看3D场景。

OrbitControls构造函数声明如下：

```
OrbitControls( object : Camera, domElement : HTMLDOMElement )
```

它接受两个参数，一个是受控制的相机对象，另一个是接受交互事件的HTML元素，具体的使用方式如下：

```
//渲染器，可以从中获取渲染的HTML元素
var renderer = new THREE.WebGLRenderer();
renderer.setSize( window.innerWidth, window.innerHeight );
document.body.appendChild( renderer.domElement );
//相机对象
var camera = new THREE.PerspectiveCamera( 45, window.innerWidth /
window.innerHeight, 1, 10000 );
//构造函数
var controls = new THREE.OrbitControls( camera, renderer.domElement );
//设置位置
camera.position.set( 0, 20, 100 );
//当手动更新了相机参数后必须调用update()方法
controls.update();
```

轨道控制器（OrbitControls）的封装类如下：

```
import * as THREE from "three"
import { OrbitControls } from 'three/examples/jsm/controls/
OrbitControls'

export default class Controls {
    controls: OrbitControls
    constructor(camera: THREE.Camera, dom: HTMLElement) {
        this.controls = new OrbitControls(camera, dom)
        this.controls.minDistance = 0.01 //最小拉近距离
        this.controls.maxDistance = 100000 //最大拉远距离
        this.controls.enablePan = true //允许相机平移
        this.controls.enableDamping = true //启用阻尼
        this.controls.maxPolarAngle = Math.PI / 2; //最大垂直旋转角度
    }
}
```

4.5 光照与效果组合器

在完成场景、相机、渲染器的设置之后，我们加载的3D场景就可以在网页上显示了。在拼凑这些元素之前，为了让场景更真实、更好看，我们还需要添加光照（Light）与效果组合器（Composer）。

4.5.1 光照效果设置

ThreeJS的光照与现实中的光照一样，是人们观察事物不可或缺的一部分。没有光照，3D模型就像放在一个没有光的空间内，整体灰暗、缺乏质感。ThreeJS提供了多种光照类型，这些光源会模拟现实场景，其中使用最多的是如图4-6所示的4种类型。

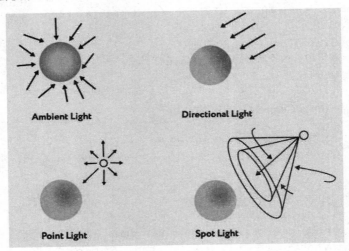

Ambient Light

Directional Light

Point Light

Spot Light

图 4-6　常见光源效果

（1）环境光（Ambient Light）：笼罩在整个空间无处不在的光。

（2）点光源（Point Light）：向四面八方发射的单点光源。

（3）聚光灯（Spot Light）：发射出锥形状的光，模拟手电筒、台灯等光源。

（4）平行光（Directinal Light）：平行的一束光，模拟从很远处照射的太阳光。

环境光可以说是场景的整体基调，在整个场景中无处不在，但是没有方向，不能产生阴影。它也不能作为环境中唯一的光源，所以一般会配合其他三种光源一起使用。一般根据场景选择不同的光源，除了点光源不产生阴影以外，剩下两种光源都可以产生阴影。其中，平行光又被广泛选择为模拟太阳光源的最好选择。根据数据中心场景的设计需要，我们创建如下Light基类：

```
import * as THREE from "three"

export default class Light {
    ambientLight: THREE.AmbientLight
    mainLight: THREE.DirectionalLight
    hemisphereLight: THREE.HemisphereLight
    constructor() {
        //环境光，构造函数接受颜色与光照强度两个参数
        this.ambientLight = new THREE.AmbientLight(16777215, 0.15)
        //主光源，选择平行光模拟太阳光照效果，构造函数接受颜色与光照强度两个参数
        this.mainLight = new THREE.DirectionalLight('#FFEBDF', 0)
        this.mainLight.name = 'mainLight'
        this.mainLight.position.set(-0.11207193402100668,
0.8365163037378078, -0.19411428382689058)
        //辅助的半球光源，可以更好地模拟出天空的效果，构造函数接受天空颜色、
        //地面颜色与光照强度三个参数
        this.hemisphereLight = new THREE.HemisphereLight(
            new THREE.Color(0.9, 1, 1.25),
            new THREE.Color(0.5, 0.5, 0.5),
            0.8
        )
    }
}
```

4.5.2　效果组合器

在渲染的过程中，很多时候需要添加一些额外的效果，例如当用户鼠标滑过某个3D模型时使其外轮廓处于高亮状态，这就需要借助效果组合器（EffectComposer），在render循环中渲染场景。添加的这些效果被称为后期处理通道（Pass），ThreeJS提供了RenderPass（渲染通道）、BloomPass（高亮通道）、DotScreenPass（灰度点集通道）、FilmPass（电视屏幕通道）等多种通道效果。效果组合器的通常用法如下：

```
var composer = new THREE.EffectComposer(webGLRenderer)//配置composer
var renderPass = new THREE.RenderPass(scene,camera)//配置通道
composer.add(renderPass)//将通道加入composer
function render(){
    var delta = clock.getDelta();
    requestAnimationFrame(render);
    composer.render(delta);//使用组合器来渲染，而不再用webGLRenderer
}
```

为了使用方便,创建一个Composer基类来统一管理,并且我们在这里直接调用ThreeJS
官方提供的一个抗锯齿通道以及一个外框高亮通道,以便于之后处理3D模型的点击事件。

```
import * as THREE from "three"
import { EffectComposer } from 'three/examples/jsm/postprocessing/
EffectComposer'
import { OutlinePass } from 'three/examples/jsm/postprocessing/
OutlinePass'
import { RenderPass } from 'three/examples/jsm/postprocessing/
RenderPass'
import { SMAAPass } from 'three/examples/jsm/postprocessing/SMAAPass'

export default class Composer {
    composer: EffectComposer
    outlinePass: OutlinePass
    constructor(renderer: THREE.WebGLRenderer) {
        this.composer = new EffectComposer(renderer)
    }
    //抗锯齿通道
    addRenderPass(scene: THREE.Scene, camera: THREE.
PerspectiveCamera){
        const renderPass = new RenderPass(scene, camera)
        this.composer.addPass(renderPass)
        const pass = new SMAAPass(window.innerWidth,window.innerHeight)
        this.composer.addPass(pass)
    }
    //外框高亮通道
    addOutlinePass(scene: THREE.Scene, camera:
THREE.PerspectiveCamera, color: string | number | THREE.Color) {
```

```
        this.outlinePass = new OutlinePass(new THREE.Vector2
(window.innerWidth, window.innerHeight), scene, camera);
        this.outlinePass.visibleEdgeColor = new THREE.Color(color)
        this.outlinePass.edgeGlow = 2
        this.composer.addPass(this.outlinePass)
    }
}
```

在开发 3D 可视化项目中，开发者需要平衡好性能与效果的取舍。众所周知，为了保障项目流畅的用户体验，在项目运行的过程中绝大多数的场景应该能支持 30 帧以上的帧数效果。同时，我们希望场景在细节上越清晰越好，影响这一指标的重要因素就是抗锯齿效果。熟悉 WebGL 的开发者应该知道 WebGL 本身提供了抗锯齿的属性，本文在之前的代码中在实例化 render 的时候也有提到添加抗锯齿的属性：

```
this.renderer = new THREE.WebGLRenderer({
        antialias: true,
})
```

如果仅仅依靠 WebGL 的抗锯齿无法实现清晰的效果，就需要开发者通过上文所述的方式利用效果组合器添加额外的抗锯齿通道，如本文就添加了 SMAAPass 这个抗锯齿的通道。假如开发中发现这种方式依然无法实现清晰效果，那么开发者可以尝试其他通道。ThreeJS 除了本文使用的 SMAAPass 以外，还提供了 SSAARenderPass 与 TAARenderPass，方式如下：

- SSAARenderPass

```
import { SSAARenderPass } from 'three/examples/jsm/postprocessing/
SSAARenderPass'

//抗锯齿通道
addRenderPass(scene: THREE.Scene, camera: THREE.PerspectiveCamera) {
    const renderPass = new RenderPass(scene, camera)
    this.composer.addPass(renderPass)
    const pass = new SSAARenderPass(scene, camera, '#fff', 0.2)
    pass.sampleLevel = 2    //抗锯齿强度
    this.composer.addPass(pass)
}
```

- TAARenderPass

```
import { TAARenderPass } from 'three/examples/jsm/postprocessing/
TAARenderPass'
//抗锯齿通道
addRenderPass(scene: THREE.Scene, camera: THREE.PerspectiveCamera) {
    const renderPass = new RenderPass(scene, camera)
    this.composer.addPass(renderPass)
    const pass = new TAARenderPass(scene, camera, '#fff', 0.2)
    pass.sampleLevel = 2    //抗锯齿强度
    this.composer.addPass(pass)
}
```

不同于SMAAPass，SSAARenderPass与TAARenderPass都是很强的抗锯齿通道，尤其是SSAARenderPass可以提供极为出色的抗锯齿效果。与之相对，这两种方式开销也很大，会导致帧数降低。这两种通道都提供了sampleLevel属性来控制抗锯齿强度，数值越大，抗锯齿效果越好，对帧数的影响越大。开发者可以多多尝试不同的通道效果来寻找适合于自己的平衡性能与效果的解决方案。

既然提到了帧数，这里简单介绍一下查看运行帧数的方法。开发者可以使用额外的依赖statsjs来查看：

```
"dependencies": {
    ...
    "stats.js": "^0.17.0"
}
//typeScript依赖，不使用typeScript的话可以不添加
"devDependencies": {
    ...
    "@types/stats.js": "^0.17.0"
}
```

Stats.js在本实例代码中的使用方式如下：

```
//在Render类中初始化Stats
import Stats from "stats.js"

export default class Renderer {
    stats: Stats
```

```
    constructor() {
        ...
        this.stats = new Stats()
        document.body.appendChild(this.stats.dom)
    }
}

//在index文件的animate方法中调用Stats更新
animate = () => {
        this.rendererManager.stats.begin()
        ...
        this.rendererManager.stats.end()
        requestAnimationFrame(this.animate)
}
```

4.5.3　展示 3D 场景

我们已经完成了对ThreeJS重要组件的封装类，现在是时候将它们实例化并组合起来，让我们的代码从真正意义上跑起来并将3D场景展示在网页上。我们要做的就是修改index代码，提供一个管理类并单例化，然后让这个单例调用其他封装类的代码，并按照顺序把它们全部添加至HTML的body里。

```
import './index.css'
import Renderer from "./renderer"
import Camera from "./camera"
import Light from "./light"
import Scene from "./scene"
import Controls from "./controls"
import Loader from "./loader"
import Composer from "./composer"
import * as THREE from "three"

let instance: GLManager | null = null  //管理类单例

export default class GLManager {
    static get shared() {
        if (instance === null) {
            instance = new this()
        }
```

```
            return instance
        }
        rendererManager!: Renderer
        cameraManager!: Camera
        lightManager!: Light
        sceneManager!: Scene
        controlsManager!: Controls
        loaderManager!: Loader
        effectComposer!: Composer
        models!: {
            park: THREE.Group
            dataCenter: THREE.Group
        }

        //实例化renderer
        initRenderer() {
            this.rendererManager = new Renderer()
            this.rendererManager.addSubview(document.body)
        }

        //实例化相机
        initCamera() {
            this.cameraManager = new Camera()
        }

        //实例化灯光
        initLight() {
            this.lightManager = new Light()
        }

        //实例化场景
        initScene() {
            this.sceneManager = new Scene()
            this.sceneManager.scene.add(this.cameraManager.camera)
            this.sceneManager.scene.add(this.lightManager.ambientLight)
            this.sceneManager.scene.add(this.lightManager.mainLight)
            this.sceneManager.scene.add(this.lightManager.
hemisphereLight)
        }
```

```
    //实例化控制器
    initControls() {
        this.controlsManager = new Controls(this.cameraManager.camera,
this.rendererManager.renderer.domElement)
    }

    //实例化加载器
    initLoader() {
        this.loaderManager = new Loader()
    }

    //实例化效果组合器
    initEffectComposer() {
        this.effectComposer = new Composer(this.rendererManager.renderer)
        this.effectComposer.addRenderPass(this.sceneManager.scene,
this.cameraManager.camera)
        this.effectComposer.addOutlinePass(this.sceneManager.scene,
this.cameraManager.camera, '#FFC001')
    }

    //添加坐标轴
    loadHelper() {
        const axes = new THREE.AxesHelper(30)
        this.sceneManager.scene.add(axes)
    }

    //实例化加载器
    loadModel() {
        this.models = {} as any
        this.loaderManager.loadPark((obj) => {
            this.models.park = obj
            this.sceneManager.scene.add(obj)
            this.animate()
        })
    }

    //页面更新
    animate = () => {
```

```
            this.controlsManager.controls.update()
            this.effectComposer.composer.render()
            requestAnimationFrame(this.animate)
        }
    }

GLManager.shared.initRenderer()
GLManager.shared.initCamera()
GLManager.shared.initLight()
GLManager.shared.initScene()
GLManager.shared.initControls()
GLManager.shared.initLoader()
GLManager.shared.initEffectComposer()
GLManager.shared.loadHelper()
GLManager.shared.loadModel()
```

至此，完成了所有零件的加载，运行代码，效果如图4-7所示。

图 4-7　3D 场景效果

4.6　本章小结

在本章中，我们选取ThreeJS作为数据中心3D可视化技术场景的解决方案，重点介绍了ThreeJS核心API的使用方法。在开发中，我们选取React框架对核心API、核心方法以类的形式进行封装，便于统一管理与调用。本章我们完成了整个模型的加载并显示在Web页面上，下一章我们将着眼模型内部结构与逻辑，实现场景调整逻辑与数据展示，进一步丰富数据中心可视化的内容。

第 5 章
3D 可视化场景切换与数据展示

到目前为止，我们已经将模型文件当作一个整体添加到场景中，并配置了相关的相机、渲染器等。在这一章里，我们开始以模型内部为目标，开始为模型开发交互事件，完成模型内不同场景的切换，并通过合理直观的方式展示数据中心设备的相关数据。

5.1 数据中心不同场景的切换

对于数据中心而言，我们需要展示园区、数据中心大楼、各个楼层、各个设备等不同的场景。这就需要我们通过用户的点击事件合理且流畅地执行场景的切换。本节我们首先将根据业务需求与加载的模型文件规划场景结构、实现查询方法，为实现场景切换打好基础。

5.1.1 数据模型的合理分组

既然以模型为目标，我们就应该一起看看加载的数据模型结构是怎样的。在园区模型中，在网页控制台内打印加载的对象，如图5-1所示。

```
                                                                          index.ts:84
▼ Group {uuid: "8D81856E-CF37-48F8-92A0-94BFE65BC2B4", name: "park", type: "Group", parent: null, children: Array(9), …}
  ▶ animations: [AnimationClip]
    castShadow: false
  ▼ children: Array(9)
    ▶ 0: Group {uuid: "0D0BB38D-84AB-42FB-91F9-5FBF39D141D8", name: "08园区环境", type: "Group", parent: Group, children: Arra…
    ▶ 1: Mesh {uuid: "CFE58FB6-D099-4539-84D4-978DB92EB1E9", name: "09中央文字水印", type: "Mesh", parent: Group, children: Ar…
    ▶ 2: Group {uuid: "561E614F-4FCA-488E-8A68-23A4DDD8C345", name: "07车库入口", type: "Group", parent: Group, children: Array…
    ▶ 3: Group {uuid: "A2BC49FB-522F-429E-99C4-B0688E1EC0B1", name: "06十五局", type: "Group", parent: Group, children: Array…
    ▶ 4: Group {uuid: "C3C644F3-1C69-437E-B684-C4D641739A08", name: "03红楼", type: "Group", parent: Group, children: Array(2…
    ▶ 5: Group {uuid: "5DFE5219-58CA-42F7-A92F-303B092A0DC9", name: "05酒店", type: "Group", parent: Group, children: Array(6…
    ▶ 6: Group {uuid: "832E7C09-3FED-4EA2-BC77-92155130A89F", name: "04社保", type: "Group", parent: Group, children: Array(5…
    ▶ 7: Group {uuid: "29167A45-5DCA-465C-9DD0-845718C53B87", name: "02卓朗大楼", type: "Group", parent: Group, children: Arra…
    ▶ 8: Group {uuid: "E69C9C5B-0417-4084-8EB7-7638F5154E46", name: "01数据中心", type: "Group", parent: Group, children: Arra…
      length: 9
    ▶ __proto__: Array(0)
    frustumCulled: true
  ▶ layers: Layers {mask: 1}
  ▶ matrix: Matrix4 {elements: Array(16), isMatrix4: true}
    matrixAutoUpdate: true
  ▶ matrixWorld: Matrix4 {elements: Array(16), isMatrix4: true}
    matrixWorldNeedsUpdate: false
    name: "park"
  ▶ parent: Scene {uuid: "D67BC67B-78E0-4265-A843-8B8ACAD5100A", name: "", type: "Scene", parent: null, children: Array(6), …
  ▶ position: Vector3 {x: 0, y: 0, z: 0, isVector3: true}
  ▶ quaternion: Quaternion {_x: 0, _y: 0, _z: 0, _w: 1, _onChangeCallback: ƒ, …}
    receiveShadow: false
    renderOrder: 0
  ▶ rotation: Euler {_x: -0, _y: 0, _z: -0, _order: "XYZ", _onChangeCallback: ƒ, …}
  ▶ scale: Vector3 {x: 1, y: 1, z: 1, isVector3: true}
    type: "Group"
  ▶ up: Vector3 {x: 0, y: 1, z: 0, isVector3: true}
  ▶ userData: {}
    uuid: "8D81856E-CF37-48F8-92A0-94BFE65BC2B4"
    visible: true
```

图 5-1　园区数据结构图

然后查看数据中心的模型对象，如图5-2所示。

```
                                                                          index.ts:166
▼ Group 🖫
  ▶ animations: [AnimationClip]
    castShadow: false
  ▼ children: Array(5)
    ▶ 0: Group {uuid: "25F47DAB-EAB4-43A7-AC3E-3519383A2BA2", name: "1层", type: "Group", parent: Group, children: Array(197)…
    ▶ 1: Group {uuid: "C74FD48C-75A3-461C-84E4-0AC25FE11B6E", name: "2层", type: "Group", parent: Group, children: Array(296)…
    ▶ 2: Group {uuid: "922DD973-D2D7-49D2-AED0-25966B1F64F2", name: "3层", type: "Group", parent: Group, children: Array(360)…
    ▶ 3: Group {uuid: "CA067CF9-E872-44A7-BEA5-AE8140EAE206", name: "4层", type: "Group", parent: Group, children: Array(359)…
    ▶ 4: Group {uuid: "5234249B-422F-4F69-AA80-4FA772BBE577", name: "顶层", type: "Group", parent: Group, children: Array(5),…
      length: 5
    ▶ __proto__: Array(0)
    frustumCulled: true
  ▶ layers: Layers {mask: 1}
  ▶ matrix: Matrix4 {elements: Array(16), isMatrix4: true}
    matrixAutoUpdate: true
  ▶ matrixWorld: Matrix4 {elements: Array(16), isMatrix4: true}
    matrixWorldNeedsUpdate: false
    name: "dataCenter"
    parent: null
  ▶ position: Vector3 {x: 0, y: 0, z: 0, isVector3: true}
  ▶ quaternion: Quaternion {_x: 0, _y: 0, _z: 0, _w: 1, _onChangeCallback: ƒ, …}
    receiveShadow: false
    renderOrder: 0
  ▶ rotation: Euler {_x: -0, _y: 0, _z: -0, _order: "XYZ", _onChangeCallback: ƒ, …}
  ▶ scale: Vector3 {x: 1, y: 1, z: 1, isVector3: true}
    type: "Group"
  ▶ up: Vector3 {x: 0, y: 1, z: 0, isVector3: true}
  ▶ userData: {}
    uuid: "0095C0CD-5863-4E96-B315-0DC15BE2727A"
    visible: true
```

图 5-2　数据中心数据结构图

　　两个模型的数据类型都是Group，都包含一个children属性（一个包含其他Group或
Mesh的数组）。Group、Mesh是ThreeJS中重要的数据对象，都继承自基类Object3D，都
包含position、ratation、scale等决定3D物体大小方位的属性。Mesh表示基于以三角形为
polygon mesh（多边形网格）的物体类，由一个或多个多边形组成，并通过Material属性来
添加材质。Group在Mesh的基础上实现了一个父子结构的层级模型，开发者可以通过add、
remove的方法向Group内添加或删除Mesh，从而实现对多个Mesh的统一管理，例如对某一
Group对象进行平移或旋转的操作，那么它的所有子节点内的Mesh也会执行同样的操作。

　　Group与Mesh是我们在3D开发中使用最多的两个对象，它们直接反映了模型文件的
层级结构。例如，我们加载的园区模型的children就包含了园区内的所有楼宇、建筑等子
元素，而数据中心模型则包含了各个楼层元素。至于如何决定一个Group的层级结构，还
要根据需求来看，比如我们需要数据中心大楼按楼层去划分，那么在开发的时候就需要要
求设计师按此划分Group。

　　现在我们已经了解数据模型的结构，为了将两个模型联动起来，方便我们按照一个
正确的层级结构去开发之后的场景切换需求，需要在代码上维护一套对应的层级结构，具
体如下：

```
const tree = {
    type: ClassType.SceneRoot,
    id: generateUUID(),
    lodLevel: 0,
    name: 'root',
    node: this.sceneManager.scene,
    renderNode: this.sceneManager.scene,
    children: [
        {
            type: ClassType.Park,
            id: generateUUID(),
            node: this.models.park,
            renderNode: this.models.park,
            lodLevel: 1,
            name: 'troilaPark',
            children: [
                {
                    type: ClassType.Building,
```

```
            id: generateUUID(),
            node: this.models.park.children[8],
            renderNode: this.models.dataCenter,
            lodLevel: 2,
            name: 'dataCenter',
            children: [
                {
                    type: ClassType.Floor,
                    id: generateUUID(),
                    node: this.models.dataCenter. children[0],
                    renderNode: this.models.dataCenter.children[0],
                    lodLevel: 3,
                    name: 'floor-1',
                    children: []
                }, {
                    type: ClassType.Floor,
                    id: generateUUID(),
                    node: this.models.dataCenter. children[1],
                    renderNode: this.models.dataCenter.children[1],
                    lodLevel: 3,
                    name: 'floor-2',
                    children: []
                }, {
                    type: ClassType.Floor,
                    id: generateUUID(),
                    node: this.models.dataCenter.children[2],
                    renderNode: this.models.dataCenter.children[2],
                    lodLevel: 3,
                    name: 'floor-3',
                    children: []
                }, {
                    type: ClassType.Floor,
                    id: generateUUID(),
                    node: this.models.dataCenter. children[3],
                    renderNode: this.models.dataCenter.children[3],
                    lodLevel: 3,
                    name: 'floor-4',
                    children: []
                }, {
```

```
                    type: ClassType.Floor,
                    id: generateUUID(),
                    node: this.models.dataCenter. children[4],
                    renderNode: this.models.dataCenter.children[4],
                    lodLevel: 3,
                    name: 'floor-5',
                    children: []
                }
            ]
        }
    ]
}
```

按照需求，我们以层级结构为根节点（场景）—园区—数据中心—各楼层，所以我们依次创建了一个树形对象，每一个节点都包含以下属性：

- type：节点模型类型。

- id：唯一标识uuid，由统一方法生成。

- node：树形节点。

- renderNode：渲染节点，表示此节点具体由哪个模型生成。

- lodLevel：层级深度。

- name：名称。

- children：子节点。

5.1.2　创建节点对象与节点查询

现在已经搭建了项目的层级结构，下一步把层级的每一个节点对象实例出来，因为这些节点几乎具有相同的属性，所以我们创建一个Base类来统一处理，具体如下：

```
import * as THREE from "three"
import ClassType from "./classType"

export default class BaseObject {
    type: string = ClassType.BaseObject
```

```
        id!: string
        name!: string
        lodLevel!: number
        children: BaseObject[] = []
        node!: THREE.Object3D
        renderNode!: THREE.Object3D
        parent: BaseObject | null = null
        viewDidLoad() {}
    }
```

这里除了上一节树形结构中的属性，我们还添加了一个parent属性来记录每个节点对象的父级节点，另外添加了一个方法来统一处理每个节点加载后的事件。有了这个Base类，我们大多数共用的方法与属性都可以在此统一实现。针对大楼、楼层等特有的事件，我们也可以创建对应的类继承自Base类，再实现其特有属性。

创建好Base类后，我们开始编写根据树形结构实例化对象的方法。首先创建一个管理类来放置对应的树形结构对象，并在index中实例化这个管理类，在加载好模型之后调用它的初始化代码来将整个树的对象创建出来。在创建过程中，依次调用我们之前留好的viewDidLoad()方法。

```
import * as THREE from "three"
import { BaseObject } from "./basic"
import ClassType from "./basic/classType"

//定义类型
export type initObject = {
    type: ClassType
    id: string
    lodLevel: number
    name: string
    node: THREE.Object3D
    renderNode: THREE.Object3D
    children: initObject[]
}

export default class SceneLevel {
    root!: BaseObject
    init(root: initObject) {
```

```
        const func = (object: initObject, parent: null | BaseObject) => {
            let obj = new BaseObject()
            obj.id = object.id
            obj.lodLevel = object.lodLevel
            obj.name = object.name
            obj.node = object.node
            obj.renderNode = object.renderNode
            obj.parent = parent
            //依次递归所有子节点
            obj.children = object.children.map((item) => {
                return func(item, obj)
            })
            //调用事件
            obj.viewDidLoad()
            return obj
        }
        this.root = func(root, null)
    }
}


//调整index内的加载方法，依次加载园区与数据中心后调用树的创建方法
this.loaderManager.loadPark((obj) => {
        this.models.park = obj
        this.sceneManager.scene.add(obj)
        this.loaderManager.loadDataCenter((obj) => {
            this.models.dataCenter = obj
            loadFn() //树的创建方法
        })
})

//在创建方法最后调用init方法去实例化每个节点对象
const loadFn = () => {
    const tree = {} //上一节的树形结构
    this.level.init(tree)
    this.animate()
}
```

在树结构对象创建完成后，根据名字在树中查询相应的对象，这里根据需求提供多
种查询方式，具体如下：

```
/**
 * 物体查询
 * @example
 * 查询 id 为 001的对象集合
   app.query('#001');
   //查询名称为 car01的对象集合
   app.query('car01');
   //查询类型为 Thing的对象集合
   app.query('.Thing');
   //根据正则表达式匹配 name 中包含 'car'的子物体
   app.query(/car/);
   //上行代码等同于
   //var reg = new RegExp('car');
   //var cars=app.query(reg);
   //注意:
   //通过 query 查询的结果都是满足条件的对象集合（Selector）
   //如需访问单个对象，可通过下标获取
   var obj=app.query('#001')[0];
   //也可通过循环遍历对象集合
   var objs=app.query('.Thing');
   objs.forEach(function(obj){})
 * @param param - 查询条件
 * @returns 查询结果
 */
query(str: string | RegExp): BaseObject[] {
    const selector: BaseObject[] = []
    if (typeof str === 'string') {
        if (str.length === 0) return [];
        const firstString = str[0]
        const queryByProperty = (children: BaseObject[], property:
keyof BaseObject, value: any) => {
            children.forEach((obj) => {
                if (obj[property] === value) {
                    selector.push(obj)
                }
                if (obj.children.length) {
                    queryByProperty(obj.children, property, value)
                }
            })
```

```
    }
    if (firstString === '#') {
        const id = str.slice(1)
        queryByProperty(this.level.root.children, 'id', id)
    } else if (firstString === '.') {
        const type = str.slice(1)
        queryByProperty(this.level.root.children, 'type', type)
    } else {
        queryByProperty(this.level.root.children, 'name', str)
    }
} else if (str instanceof RegExp) {
    const queryByRegExp = (children: BaseObject[]) => {
        children.forEach((obj) => {
            if (str.test(obj.name)) {
                selector.push(obj)
            }
            if (obj.children.length) {
                queryByRegExp(obj.children)
            }
        })
    }
    queryByRegExp(this.level.root.children)
}
return selector
}
```

5.2　添加事件

　　基于封装的BaseObject类，我们可以统一地为模型对象添加事件，类似之前添加的
viewDidLoad()方法。根据目前的场景需求，我们需要添加的事件类型主要是两类：一类
是对象本身在场景跳转之后触发不同类型的回调事件，另一类是根据用户操作做出相应的
事件。

　　我们先处理操作事件。用户的操作事件很多，对于3D模型来说，需要统一处理的主
要是鼠标点击与鼠标滑过两个事件。需要注意的是，很多时候用户的一次操作需要多个模
型同时响应，例如鼠标滑过模型时不仅是滑过一个模型响应，其他模型也需要同时处理这

个事件。我们需要一个监听回调多个事件而不是注册多个监听器,因此需要创建一个实体类来处理用户事件,具体如下:

```
import GLManager from ".."
interface EventMap {
    "dblclick": MouseEvent;
    "mousemove": MouseEvent;
}
export default class Picker {
    //响应事件的对象
    objects: THREE.Object3D[] = []
    //监听器队列
    private listeners: { [key: string]: Array void> } = {}
    constructor() {
        //注册双击与滑动事件
        this.onMouseMove()
        this.onMouseDoubleClick()
    }
    onMouse(eventType: K, callback: (event: MouseEvent) => void) {
        return GLManager.shared.rendererManager.addEventListener
(eventType, (event: EventMap[K]) => {
            //TODO 找到鼠标的目标物体并将其赋值给this.object
            callback(event)
        })
    }
    //滑动事件
    onMouseMove() {
        this.onMouse('mousemove', (event) => {
            this.dispatchEvent('mousemove', this.objects)
        })
    }
    //双击事件
    onMouseDoubleClick() {
        this.onMouse('dblclick', (event) => {
            this.dispatchEvent('dblclick', this.objects)
        })
    }
    //对外暴露的添加监听方法,将回调事件放入队列,在触发后一起响应
```

```
        addEventListener(type: K, callback: (objects: THREE.Object3D[]) =>
void) {
            if (!(type in this.listeners)) {
                this.listeners[type] = [];
            }
            this.listeners[type].push(callback);
        }
        //对外暴露的移除监听事件
        removeEventListener(type: string, callback: Function): any {
            if (!(type in this.listeners)) {
                return
            }
            var stack = this.listeners[type];
            for (var i = 0, l = stack.length; i < l; i++) {
                if (stack[i] === callback) {
                    stack.splice(i, 1);
                    return this.removeEventListener(type, callback);
                }
            }
        }
        //按照队列内的回调分发事件
        dispatchEvent(type: string, event: any) {
            if (!(type in this.listeners)) {
                return;
            }
            var stack = this.listeners[type];
            event.target = this;
            for (var i = 0, l = stack.length; i < l; i++) {
                if (stack[i]) {
                    stack[i].call(this, event);
                }
            }
        };
    }
```

　　我们还未完成的是根据用户点击或滑过的位置来找出对应的物体，实际上需要将用户在二维的网页上操作的坐标点转化为3D模型内三维的坐标位置。ThreeJS为开发者提供了一个便捷的核心类——光线投射Raycater来计算这个位置，即通过相机的光线投射来进行鼠标拾取，相机与操作点之间形成一个直线，然后返回与这条直线相交的所有物体。它的使用方式如下：

```
export const queryIntersects = (event: MouseEvent, renderer:
THREE.WebGLRenderer, camera: THREE.PerspectiveCamera, scene:
THREE.Object3D) => {
    const mouse = {
        x: (event.clientX / renderer.domElement.clientWidth) * 2 - 1,
        y: -(event.clientY / renderer.domElement.clientHeight) * 2 + 1
    }
    const raycaster = new THREE.Raycaster()
    raycaster.setfromCamera(mouse, camera)
    const intersects = raycaster.intersectObject(scene, true)
    return intersects
}
```

有了这个方法就在可以完成**Picker**类的**onMouse()**事件：

```
onMouse(eventType: K, callback: (event: MouseEvent) => void) {
    return
GLManager.shared.rendererManager.addEventListener(eventType, (event:
EventMap[K]) => {
        //在SceneLevel上额外添加一个current属性来记录树的当前节点，
        //以避免无节点加载时点击事件的异常情况
        if (!GLManager.shared.level.current) {
            return
        }
        const intersects = queryIntersects(event, GLManager.shared.
rendererManager.renderer, GLManager.shared.cameraManager.camera,
GLManager.shared.level.current.renderNode)
        this.objects = intersects.map((e) => e.object)
        callback(event)
    })
}
```

接下来我们在调用加载模型的时候实例化Picker对象，之后就可以开始在BaseObject里向监听器队列中添加回调事件了。我们为BaseObject添加两个周期——对象已经完成加载load()和对象被移除release()，然后调用Picker内写好的方法来添加回调：

```
load() {
    GLManager.shared.picker.addEventListener('dblclick',this.
click)
    GLManager.shared.picker.addEventListener('mousemove',this.
move)
}
click = (objects: THREE.Object3D[]) => {
    //点击的响应逻辑
}
move = (objects: THREE.Object3D[]) => {
    //滑动的响应逻辑
}
release() {
    GLManager.shared.picker.removeEventListener('dblclick',this.
click)
    GLManager.shared.picker.removeEventListener('mousemove',this.
move)
}
```

之前我们说过queryIntersects会返回一条直线上所有的物体，那么具体点击的是哪一个呢？第一个相交物体，也就是数组的第0项。实际上使用的时候就会发现，比如在建筑上点击的时候我们希望获取的是整个建筑，而建筑本身是由多个物体组成的，使用数组第0项可能只是建筑上的某一部分。那么如何才能正确地找到建筑本身呢？我们通过物体上的点击事件触发拾取，其实不希望拾取的是这个物体的任何子节点，所以如果第0项是子节点，就需要通过迭代的方式去拾取它的父级，方法如下：

```
export const recursiveObjectForUUID = (selectedObject: THREE.Object3D,
objects: { model: THREE.Object3D, func: Function }[], failed?: Function)
=> {
    const obj = objects.find((e) => {
        return e.model?.uuid === selectedObject.uuid
    })
    if (obj) {
        obj.func(obj.model)
        return
    }
    if (selectedObject.parent) {
```

```
        recursiveObjectForUUID(selectedObject.parent, objects,
failed)
    } else {
        failed && failed()
    }
}
```

有了这个方法，就可以完成点击与滑动的方法了：

```
click = (objects: THREE.Object3D[]) => {
    if (objects.length > 0 && this.node.visible === true) {
        recursiveObjectForUUID(objects[0], [{
            model: this.node,
            func: () => {
                GLManager.shared.level.change(this)
            }
        }])
    }
}
move = (objects: THREE.Object3D[]) => {
    if (objects.length > 0) {
        recursiveObjectForUUID(objects[0], [{
            model: this.node,
            func: () => {
                GLManager.shared.effectComposer.addSelect
(this.node)
            }
        }], () => {
            GLManager.shared.effectComposer.removeSelect
(this.node)
        })
    } else {
        GLManager.shared.effectComposer.removeSelect(this.node)
    }
}
```

完成操作事件之后，再处理一下回调事件。根据跳转场景这里的回调事件主要分为以下四种：

```
enum LevelEventType {
    /**
     * 通知场景层级发生改变
     */
    LevelChange = "levelchange",
    /**
     * 通知进入下一层级
     */
    EnterLevel = "enterLevel",
    /**
     * 通知退出当前层级
     */
    LeaveLevel = "leaveLevel",
    /**
     * 通知摄像机飞入下一层级结束
     */
    LevelFlyEnd = "levelflyend"
}
```

根据这些场景，我们创建对应的回调函数：

```
onLevelEvent(type: LevelEventType, params: LevelParams) {
    switch (type) {
        case LevelEventType.EnterLevel:
            this.onEnterLevel()
            break;
        case LevelEventType.LeaveLevel:
            this.onLeaveLevel(params)
            break;
        case LevelEventType.LevelChange:
            this.onLevelChange()
            if (this.parent) {
                this.parent.onLevelEvent(type, params)
            }
            break;
        case LevelEventType.LevelFlyEnd:
            this.onLevelFlyEnd()
            break;
    }
}
```

```
onEnterLevel() {

}
onLeaveLevel(params: LevelParams) {

}
onLevelChange() {

}
onLevelFlyEnd() {

}
```

5.3 将相机与控制器平滑移动至合适位置

在进行跳转场景的时候，需要相机与控制器随着场景的改变而变换。一般情况下，为了便于查看，总会把场景放置于整个页面的中心位置，即让目标几何体中心与页面中心重合。通过以下方法可以获取几何体的中心坐标：

```
export const getCenterSizeWithObject = (obj: THREE.Object3D) => {
    const box = new THREE.Box3().setfromObject(obj)  //创建包围盒
    const size = box.getSize(new THREE.Vector3()).length()
    const center = box.getCenter(new THREE.Vector3())
    const sphere = new THREE.Sphere()
    box.getBoundingSphere(sphere)
    return {
        center,
        size,
        radius: sphere.radius
    }
}
```

有了中心坐标后，通过ThreeJS的属性，可以改变camera的position轻松实现这一需求。但是这种改变是瞬间发生的，对用户观感很不友好，而我们需要的是将相机与控制器平滑地移动至正确的位置上。可以借用TweenJS提供的位移效果来实现。在camera的封装类内配置一个移动相机的方法，具体如下：

```
flyTo(object: BaseObject, params?: {
    xAngle?: number
    yAngle?: number
    radiusFactor?: number
    onComplete?: (e?: unknown) => void
}) {
    let onCompleteCallBack: Function | null = null  //完成回调
    let onStopCallBack: Function | null = null  //停止回调
    //默认参数
    const {
        xAngle,
        yAngle,
        radiusFactor,
        onComplete
    } = {
        xAngle: 45,
        yAngle: 15,
        radiusFactor: 2,
        ...params,
    }
    const {
        camera
    } = this
    const {
        controls
    } = GLManager.shared.controlsManager
    //开始移动后屏蔽用户操作
    controls.enabled = false
    //初始位置
    const pods = {
        cameraX: camera.position.x,
        cameraY: camera.position.y,
        cameraZ: camera.position.z,
        targetX: controls.target.x,
        targetY: controls.target.y,
        targetZ: controls.target.z
    }
    const tween = new TWEEN.Tween(pods)
```

```
        const { center, radius } = getCenterSizeWithObject
(object.renderNode)
        const rotation = object.renderNode.rotation
        const xDelta = ((Math.PI / 180) * xAngle!) + rotation.y
        const yDelta = ((Math.PI / 180) * yAngle!) + rotation.x
        const distance = radius * radiusFactor!
        //目标位置
        const targetCamera = new THREE.Vector3()
        targetCamera.x = center.x + distance * (Math.sin(xDelta) *
Math.cos(yDelta))
        targetCamera.y = center.y + distance * Math.sin(yDelta)
        targetCamera.z = center.z + distance * (Math.cos(xDelta) *
Math.cos(yDelta))
        tween.to({
            cameraX: targetCamera.x,
            cameraY: targetCamera.y,
            cameraZ: targetCamera.z,
            targetX: center.x,
            targetY: center.y,
            targetZ: center.z
        }, 1000);
        tween.onStart(() => {
            this.flying = true
        })
        tween.onUpdate(function () {
            camera.position.x = pods.cameraX;
            camera.position.y = pods.cameraY;
            camera.position.z = pods.cameraZ;
            controls.target.x = pods.targetX;
            controls.target.y = pods.targetY;
            controls.target.z = pods.targetZ;
            controls.update();
        })
        tween.onComplete(() => {
            this.flying = false
            controls.enabled = true
            onComplete && onComplete()
            onCompleteCallBack && onCompleteCallBack()
        })
```

```
tween.onStop(() => {
    this.flying = false
    controls.enabled = true
    onStopCallBack && onStopCallBack()
})
tween.easing(TWEEN.Easing.Cubic.InOut);
tween.start();
//返回各个状态的回调
return {
    'stop': () => {
        tween.stop()
    },
    'onComplete': (callback: () => void) => {
        onCompleteCallBack = callback
    },
    'onStop': (callback: () => void) => {
        onStopCallBack = callback
    }
}
}
```

为了让Tween动画执行起来，还需要在index下的animate方法内调用Tween的update()方法，具体如下：

```
//页面更新
animate = () => {
    this.controlsManager.controls.update()
    this.effectComposer.composer.render()
    TWEEN.update() //更新Tween
    requestAnimationFrame(this.animate)
}
```

5.4　场景切换

在开始写代码之前，先确定场景切换的逻辑。在本书中，场景切换包含父级向子级跳转（例如从园区场景点击数据中心大楼跳转至数据中心场景），子级回退至父级以及子级之间的跳转（例如自数据中心一楼跳转至二楼）。父子级间的跳转，需要将当前场景隐藏，然后将目标场景显示；子级之间的跳转则额外需要先执行返回父级再跳转至对应子级。

明确了切换逻辑，第一步是在基类里添加显示隐藏的逻辑、处理同级子级查询、配置上一节的相机跳转事件。

```
constructor() {
    //在构建的时候为baseObject添加一个visible的属性
    Object.defineProperties(this, {
        "visible": {
            get: () => {
                return this.renderNode.visible
            },
            set: (val) => {
                this.renderNode.visible = val
            }
        },
    })
}

//获取同级对象的属性
get brothers() {
    if (!this.parent) {
        return []
    }
    return this.parent.children.filter((item) => {
        return item.id !== this.id
    })
}

//相机更新
onEnterView(params?: {
    xAngle?: number
    yAngle?: number
    radiusFactor?: number
}) {
    return GLManager.shared.cameraManager.flyTo(this, {
        ...(params || {}),
    })
}
```

　　BaseObject配置好之后，我们对应创建园区park、楼宇building、楼层floor、根节点sceneRoot的对象类，让它们继承BaseObject，并且通过复写的方式来添加一些独特的属性，具体如下：

```
//根节点
import BaseObject from "./baseObject"
import ClassType from "./classType"
export default class SceneRoot extends BaseObject {
    type = ClassType.SceneRoot
    load() {

    }
}

//园区
import BaseObject from "./baseObject"
import ClassType from "./classType"
import GLManager from "../index"
export default class Park extends BaseObject {
    type = ClassType.Park
    viewDidLoad() {
        this.renderNode.visible = false
        //向场景内添加模型
        GLManager.shared.sceneManager.scene.add(this.renderNode)
    }
    onEnterLevel() {
        //进入场景后显示
        this.visible = true
    }
    onLeaveLevel() {
        //离开场景后隐藏
        this.visible = false
    }
    onEnterView() {
        return super.onEnterView({
            xAngle: 90
        })
    }
}
```

```
//楼宇
import * as THREE from "three"
import BaseObject from "./baseObject"
import ClassType from "./classType"
import GLManager from "../index"
import { LevelParams } from "./levelParams"

export default class Building extends BaseObject {
    type = ClassType.Building
    viewDidLoad() {
        this.visible = false
        const worldPosition = new THREE.Vector3()
        this.node.getWorldPosition(worldPosition)
        //将场景位置放置到与数据中心在园区场景位置一致
        this.renderNode.position.copy(worldPosition)
        GLManager.shared.sceneManager.scene.add(this.renderNode)
    }
    onEnterLevel() {
        this.visible = true
    }
    onLeaveLevel(params: LevelParams) {
        if (params.current.lodLevel < this.lodLevel) {
            this.visible = false
        }
    }
    onEnterView() {
        return super.onEnterView({
            xAngle: 0,
            yAngle: 0
        })
    }
}

//楼层
import BaseObject from "./baseObject"
import ClassType from "./classType"
import { LevelParams } from "./levelParams"
export default class Floor extends BaseObject {
    type = ClassType.Floor
    onEnterLevel() {
```

```
        //进入时将其他同级隐藏
        this.brothers.forEach((item) => {
            item.visible = false
        })
    }
    onLeaveLevel(params: LevelParams) {
        //进入时将其他同级显示
        if (params.current.lodLevel <= this.lodLevel) {
            this.brothers.forEach((item) => {
                item.visible = true
            })
        }
    }
    onEnterView() {
        return super.onEnterView({
            yAngle: 50,
            radiusFactor: 2.5
        })
    }
}
```

有了这些子类后，调整一下sceneLevel内的init方法，让它根据树节点的类型实例化对应的子类，而不是全部都是BaseObject：

```
init(root: initObject) {
    const func = (object: initObject, parent: null | BaseObject) => {
        let obj: SceneRoot | Park | Building | Floor | BaseObject
        const classTypes = {
            [ClassType.SceneRoot]: SceneRoot,
            [ClassType.Park]: Park,
            [ClassType.Building]: Building,
            [ClassType.Floor]: Floor,
            [ClassType.BaseObject]: BaseObject,
        }
        //依类型实例化对应的类
        obj = classTypes[object.type] ? new classTypes
[object.type]() : new BaseObject()
        obj.id = object.id
        obj.lodLevel = object.lodLevel
        obj.name = object.name
```

```
        obj.node = object.node
        obj.renderNode = object.renderNode
        obj.parent = parent
        //依次递归所有子节点
        obj.children = object.children.map((item) => {
            return func(item, obj)
        })
        //调用事件
        obj.viewDidLoad()
        return obj
    }
    this.root = func(root, null)
}
```

我们之前为BaseObject添加了场景切换的回调事件来通知各个实例场景发生了变化。为了之后处理事件方便，把切换事件通知给GLManager管理类，添加一个回调方法：

```
onLevelEvent(type: LevelEventType, params: LevelParams) {
    //层级改变回调
}
```

至此，所有的准备都已完成，开始编写场景切换的代码。利用SceneLevel类比较current与target对象，通过lodlevel参数来确定是父级向子级跳转、同级跳转还是由子级返回父级，然后在跳转的过程中回调我们写好的各个事件回调方法：

```
//场景切换
change(target: BaseObject) {
    const change = () => {
        if (!this.current) {  //当前未加载场景
            this.jump(target)
            return
        }
        if (this.current.lodLevel > target.lodLevel){ //向父级跳转
            this.jump(this.current.parent!, () => {
                change()
            })
        //向子级跳转
        } else if (this.current.lodLevel <= target.lodLevel) {
            const func = () => {
```

```
                this.getParentWithIndex(target, target.lodLevel -
this.current!.lodLevel, (object) => {
                    if (this.current!.id === object.id) {
                        if (object.id !== target.id){ //父级向子级跳转
                            this.jumpChildrenWithId(target, target.
lodLevel - this.current!.lodLevel)
                        } else {
                            this.onComplete = null
                        }
                    } else {   //同级跳转先回父级
                        this.jump(this.current!.parent!, () => {
                            func()
                        })
                    }
                })
            }
            func()
        }
    }
    change()
}


//返回父级
back() {
    if (this.current && this.current.parent) {
        this.change(this.current.parent)
    }
}


private async jump(obj: BaseObject, onComplete?: () => void) {
    this.onComplete = onComplete || null
    if (this.current) {
        //离开当前对象并执行当前对象及其子对象的release
        GLManager.shared.onLevelEvent(LevelEventType.LeaveLevel,
this.levelParams(obj))
        this.current.onLevelEvent(LevelEventType.LeaveLevel,
this.levelParams(obj))
        this.current.children.forEach((item) => {
            item.release()
```

```
            })
        }

        //进入目标对象并执行目标对象及其子对象的load
        GLManager.shared.onLevelEvent(LevelEventType.LevelChange,
this.levelParams(obj))
        obj.onLevelEvent(LevelEventType.LevelChange,
this.levelParams(obj))
        GLManager.shared.onLevelEvent(LevelEventType.EnterLevel,
this.levelParams(obj))
        obj.onLevelEvent(LevelEventType.EnterLevel,
this.levelParams(obj))
        obj.children.forEach((item) => {
            item.load()
        })
        this.current = obj
        const junmpComplete = () => {
            GLManager.shared.onLevelEvent(LevelEventType.LevelFlyEnd,
this.levelParams(this.current!))
            this.current!.onLevelEvent(LevelEventType.LevelFlyEnd,
this.levelParams(this.current!))
            this.onComplete && this.onComplete()
        }
        //执行相机位移
        const flyTo = obj.onEnterView()
        //相机位移结束后回调完成方法
        flyTo.onComplete(junmpComplete)
    }

    //根据索引向上检索父级
    private getParentWithIndex(obj: BaseObject, index: number,
onComplete: (obj: BaseObject) => void) {
        let currentIndex = 0
        const func = (obj: BaseObject) => {
            if (index === currentIndex) {
                onComplete(obj)
            } else {
                ++currentIndex
                func(obj.parent!)
```

```
        }
    }
    func(obj)
}

//向子级跳转
private jumpChildrenWithId(target: BaseObject, level: number) {
    const path: BaseObject[] = []
    let currentLevel = 0
    const func = (obj: BaseObject) => {
        if (level !== currentLevel) {
            ++currentLevel
            path.unshift(obj)
            func(obj.parent!)
        } else {
            //unknow
        }
    }
    func(target)
    const jump = (obj: BaseObject, x: BaseObject[]) => {
        this.jump(obj, () => {
            if (x.length) {
                const [a, ...z] = x
                jump(a, z)
            } else {
                this.onComplete = null
            }
        })
    }
    const [a, ...x] = path
    jump(a, x)
}

//统一跳转参数
private levelParams(target: BaseObject) {
    return {
        autoEnterSubLevel: true,
        current: target,
        level: this.current?.type,
```

```
        previous: this.current,
    }
}
```

我们已经有了跳入场景的方法，在index内加装模型之后不需要再在scene上直接添加模型（这部分已经移至对应子类的加载方法内），只需要在tree完成init之后跳转至初始场景即可，具体如下：

```
this.level.init(tree)
this.animate()
//调用层级改变的方法使场景移入第一个场景（园区）
this.level.change(this.level.root.children[0])
```

最后，为Park添加一个右键点击事件去触发场景回退的效果，这里调用写好的back()方法：

```
viewDidLoad() {
    this.renderNode.visible = false
    //向场景内添加模型
    GLManager.shared.sceneManager.scene.add(this.renderNode)
    //右键回退
    this.removeParkRightClick = GLManager.shared.rendererManager.
addEventListener("contextmenu", this.rightClick)
    }

    rightClick = (event: HTMLElementEventMap['contextmenu']) => {
        if (GLManager.shared.level.current &&
GLManager.shared.level.current.lodLevel > 1) {
            GLManager.shared.level.back()
        }
    }

    release() {
        super.release()
        //release的时候注销listener
        this.removeParkRightClick && this.removeParkRightClick()
    }
```

5.5　数据中心楼层展开效果

在我们的模型中，数据中心的大楼由4层楼构成，为了查阅方便，我们为数据中心大楼添加一个楼层展开的效果。这个效果原理上就是将每个楼层沿 y 轴平移一段距离，越靠上的楼层需要平移的距离越大。为了使动画效果顺滑，这里同样采用Tween来实现位移效果。为了触发这一效果，需要在查阅楼宇这一场景的时候添加一个按钮，通过之前写好的onEnterLevel()与onLeaveLevel()方法来控制按钮的显示与隐藏。修改之后的Building如下：

```
import * as THREE from "three"
import BaseObject from "./baseObject"
import ClassType from "./classType"
import GLManager from "../index"
import TWEEN from "@tweenjs/tween.js"
import { LevelParams } from "./levelParams"

export default class Building extends BaseObject {
    type = ClassType.Building
    expanded = false
    private distance = 0
    changeButton!: HTMLButtonElement
    viewDidLoad() {
        this.visible = false
        const worldPosition = new THREE.Vector3()
        this.node.getWorldPosition(worldPosition)
        //将场景位置放置到与数据中心在园区场景的位置一致
        this.renderNode.position.copy(worldPosition)
        GLManager.shared.sceneManager.scene.add(this.renderNode)
    }
    onEnterLevel() {
        this.visible = true
        //在进入场景的时候添加按钮
        this.changeButton = document.createElement('button')
        this.changeButton.textContent = '展开'
        this.changeButton.onclick = () => {
            //根据expanded状态判断是展开还是合并
```

```
            if (this.expanded) {
                this.unexpandFloors()
                this.changeButton.textContent = '展开'
            } else {
                this.expandFloors()
                this.changeButton.textContent = '合并'
            }
        }
        //在index.html里添加了一个id为view_wrap的div来承载按钮
        document.getElementById('view_wrap')?.appendChild(this.
changeButton)
    }
    onLeaveLevel(params: LevelParams) {
        if (params.current.lodLevel < this.lodLevel) {
            this.visible = false
        }
        //离开场景的时候移除按钮
        document.getElementById('view_wrap')?.removeChild(this.
changeButton)
    }

    //展开楼层
    expandFloors(params = {
        time: 700,
        distance: 7,
        complete: function () { }
    }) {
        const {
            time,
            distance,
            complete
        } = params
        this.distance = distance
        const coords: { [key: string]: number } = {}
        this.children.forEach((item) => {
            coords[item.name] = item.renderNode.position.y
        })
        const target: { [key: string]: number } = {}
        let index = 0
```

```
    for (const key in coords) {
        target[key] = coords[key] + distance * index
        ++index
    }
    const tween = new TWEEN.Tween(coords)
        .to(target, time)
        .easing(TWEEN.Easing.Quadratic.Out)
        .onUpdate(() => {
            this.children.forEach((item) => {
                item.renderNode.position.y = coords[item.name]
            })
        })
        .onComplete(() => {
            this.expanded = true
            complete()
        })
        .onStart(() => {
        })
        .start()
}

//合并楼层
unexpandFloors(params = {
    time: 700,
    complete: function () { }
}) {
    const {
        time,
        complete
    } = params
    const coords: { [key: string]: number } = {}
    this.children.forEach((item) => {
        coords[item.name] = item.renderNode.position.y
    })
    const target: { [key: string]: number } = {}
    let index = 0
    for (const key in coords) {
        target[key] = coords[key] + (-this.distance) * index
        ++index
```

```
        }
    const tween = new TWEEN.Tween(coords)
        .to(target, time)
        .easing(TWEEN.Easing.Quadratic.Out)
        .onUpdate(() => {
            this.children.forEach((item) => {
                item.renderNode.position.y = coords[item.name]
            })
        })
        .onComplete(() => {
            this.expanded = false
            complete()
        })
        .onStart(() => {
        })
        .start()
}
onEnterView() {
    return super.onEnterView({
        xAngle: 0,
        yAngle: 0
    })
}
}
```

楼层模型效果如图5-3、图5-4所示。

图 5-3 数据中心楼层（合并）

图 5-4　数据中心楼层（展开）

5.6　向楼层内添加设备

在本节中，我们完成数据中心3D模型的最后一步——向楼层内添加设备，并展示设备数据。

5.6.1　批量添加设备

在完成园区、楼宇、楼层模型及它们的交互事件之后，我们搭建数据中心3D模型的最后一步，就是向楼层中添加设备模型，包括机柜、服务器、空调、供电箱等。要完成这一步，最直接的方式就是直接把这些设备模型放入楼宇模型文件之内，这样在加载的时候便可以全部加载出来。实际上，采用这种方法时一个很难回避的问题就是为了添加这些大批量的设备模型可能会导致整体模型体积激增，因为包含了大量重复的纹理材质内容，加载缓慢且会导致运行帧数下降。如果设备数量小，那么这种做法无疑是最快且可行的，但是大多数情况下一个数据中心都会包含大量的设备。所以，一个更有效的做法应该是设计师在楼宇模型内只提供设备的位置信息，再单独提供各个设备的模型文件，由代码开发者来根据这些点位信息通过克隆的方式一次批量地为整个数据中心添加设备。

目前完成的效果是楼层中有许多灰色的方块，即设备的点位信息。接下来我们以机柜为例，完成模型中设备的批量加载。

在开始之前，首先明确一个问题：在设计师给的楼层模型文件中，这些占位点的position全部是以楼层在原点的情况下计算的，即设计师只能为我们提供设备相对于它所在楼层的位置，而设备具体在整个模型的什么坐标位置需要根据楼层位置与设备相对位置一起决定。接着，我们为BaseObject定义一个localPosition：

```
private positionWithParent: [number, number, number] = [0, 0, 0]

get localPosition() {
    return this.positionWithParent
}
set localPosition(position: [number, number, number]) {
    this.positionWithParent = position
    if (this.renderNode) {
        this.renderNode.position.set(position[0], position[1],
position[2])
    }
}
```

在我们的树形结构上，添加的设备会成为被添加对象的子类，因此为BaseObject再拓展一个添加子对象的方法：

```
add(params: {
    object: BaseObject;  //添加的对象
    localPosition?: [number, number, number];  //添加位置
    angles?: [number, number, number];  //添加角度
}) {
    const {
        object,
        localPosition,
        angles
    } = params

    object.lodLevel = this.lodLevel + 1
    object.parent = this

    this.children.push(object)

    if (object.renderNode) {
```

```
        this.renderNode.add(object.renderNode)
    }
    if (localPosition) {
        object.localPosition = localPosition
    }
    if (angles) {
        object.renderNode.rotation.set(angles[0], angles[1],
angles[2])
    }
}
```

接下来，同之前处理楼层等模型一样，也定义几个设备的基类。由于大多数设备都具有一些共用特效，因此这里再定义一个专为设备的基类，其他设备继承自这个新的基类：

```
//设备基类
import BaseObject from "./baseObject"

export default class Thing extends BaseObject {
    onEnterView(params?: { xAngle?: number; yAngle?: number;
radiusFactor?: number }) {
        return super.onEnterView({
            xAngle: 0,
            yAngle: 0,
            ...(params || {}),
        })
    }
}
```

```
//机柜类
import ClassType from "./classType"
import Thing from "../basic/thing";

export default class Cabinet extends Thing {
    type = ClassType.Cabinet

    onEnterView() {
        return super.onEnterView({
            xAngle: 90,
            yAngle: 45,
```

```
            radiusFactor: 1.8,
        })
    }
}

//设备类型管理
enum ClassType {
    Cabinet = '机柜',
}

export default ClassType
```

然后定义一个Map对象来创建各个设备基类与模型文件的对应关系：

```
const files: {
    [key: string]: {
        path: string,
        thing: typeof BaseObject,
        type: string,
    }
} = {
    'Single_Server': {
        path: 'Server_Cabinet-single.fbx',
        thing: Cabinet,
        type: ClassType.Cabinet,
    },
}
```

有了这个对应关系表，我们再写两个遍历方法：一个用来提取模型中名称与关系表相对应的全部设备点位信息；另一个用来移除模型中会被真正的设备模型替换掉的占位模型。具体代码如下：

```
interface PositionInfo {
    name: string,
    position: THREE.Vector3,
    rotation: THREE.Euler,
    path: string,
    thing?: typeof BaseObject,
    type?: string,
```

```
    }

    //获取全部点位信息
    export const getPointWithFloor = (obj: THREE.Object3D) => {
        const allPositionInfo: PositionInfo[] = [];
        obj.traverse((child) => {
            for (const name in files) {
                if (child.name.includes(name)) {
                    const file = files[name]
                    allPositionInfo.push({ name: name, position:
child.position, rotation: child.rotation, path: file.path, thing:
file.thing, type: file.type })
                    break
                }
            }
        })
        return allPositionInfo
    }

    //移除占位模型
    export const clearPointWithFloor = (object: THREE.Object3D) => {
        for (let j = object.children.length - 1; j >= 0; j--) {
            const p = object.children[j]
            for (const name in files) {
                if (p.name.includes(name)) {
                    object.remove(p)
                    break;
                }
            }
        }
    }
```

最后，在树形结构初始化完成之后调用这几个写好的方法，将占位模型按照正确的位置、角度替换成对应的模型文件，具体代码如下：

```
    //实例化加载器
    loadModel() {
        ...
        const loadFn = () => {
```

```
            ...
            this.animate()
            //调用层级改变的方法使场景移入第一个场景（园区）
            this.level.change(this.level.root.children[0])
            //加载设备
            this.loadEquipment()
        }
    }


    loadEquipment() {
        const dataCenter = this.query('dataCenter')[0]
        dataCenter.children.forEach((floor) => {
            //获取所有点位
            const points = getPointWithFloor(floor.renderNode)
            //清除占位
            clearPointWithFloor(floor.renderNode)
            //遍历全部点位信息替换模型
            points.forEach((point) => {
                this.create({
                    type: point.type!,
                    name: point.name,
                    url: `${process.env.PUBLIC_URL}/equipment/
${point.path}`,

                    complete: (object) => {
                        floor.add({
                            object: object,
                            localPosition: [point.position.x,
point.position.y, point.position.z],
                            angles: [point.rotation.x, point.rotation.y,
point.rotation.z]
                        })
                    },
                    thing: point.thing,
                })
            })
        })
    }


    create({
```

```
        type,
        id,
        name,
        url,
        complete,
        thing
    }: {
        type: string, id?: string, name: string, url: string, complete?:
(object: BaseObject) => void, thing?: typeof BaseObject
    }) {
        const object = new (thing || Thing)()
        object.id = id || generateUUID()
        object.type = type
        object.name = name
        //添加了一个按路径加载模型文件的方法
        this.loaderManager.loadWithUrl(url, (obj) => {
            obj.name = name
            object.renderNode = obj
            object.node = obj
            object.viewDidLoad()
            complete && complete(object)
        })
        return object
    }


    //Loader类内添加
    //按路径加载模型文件
    loadWithUrl(url: string, func: (object: THREE.Group) => void) {
        this.load(url, (obj) => {
            func(obj)
        })
    }
```

添加设备之后的楼层效果如图5-5所示。

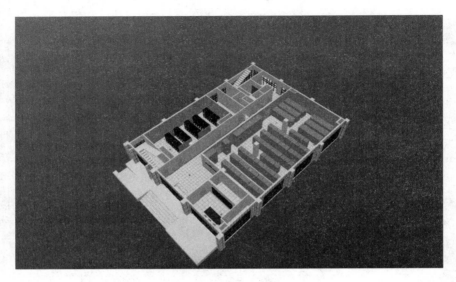

图 5-5　楼层设备模型

5.6.2　设备的场景切换效果

前面我们完成了全部机柜设备模型的加载，接下来完成这些设备的场景切换效果。这些效果包括三个部分：

（1）将相机等目标由楼层迁移至对应的机柜（其实在继承基类的时候已经完成了）。

（2）在场景切换至机柜后向机柜内添加服务器设备的模型。之所以将服务器模型的添加放在此处实现，主要是因为一个机柜可能包含10台或者更多的服务器，如果在楼层处与机柜模型同时加载，那么必然会导致巨量的模型加载，大大降低运行帧数，并且在用户未进入机柜模型查看服务器之前服务器模型既无法查看用户也无法操作，将服务器的加载放在进入机柜模型之后才是最合理的。通过之前在基类声明的两个周期onEnterLevel与onLeaveLevel，可以在进入的时候加载服务器模型并在离开的时候将这些模型移除，具体代码如下：

```
//服务器设备基类
import ClassType from "./classType"
import Thing from "../basic/thing";

export default class Server extends Thing {
```

```
        type = ClassType.Server
        onEnterView() {
            if (this.renderNode.parent!.rotation.y > 0) {
                return super.onEnterView({
                    xAngle: 180,
                    yAngle: 30,
                    radiusFactor: 3.5,
                })
            } else {
                return super.onEnterView({
                    xAngle: 0,
                    yAngle: 30,
                    radiusFactor: 3.5,
                })
            }
        }
    }


    //在机柜类内按对应周期添加与移除设备


    onEnterLevel() {
        super.onEnterLevel()
        //动态添加服务器
        if (!this.renderNode.getObjectByName('singleServer')) {
            for (let i = 0; i < 12; i++) {
                GLManager.shared.create({
                    type: ClassType.Server,
                    id: generateUUID(),
                    name: 'singleServer',
                    url: `${process.env.PUBLIC_URL}/equipment/Server.fbx`,
                    complete: (object) => {
                        object.renderNode.scale.set(1, 1, 1)
                        this.add({
                            object: object,
                            localPosition: [object.localPosition[0],
object.localPosition[1] + 0.12 + i * 0.12, object.localPosition[2]],
                            angles: [object.renderNode.rotation.x,
object.renderNode.rotation.y + Math.PI / 2, object.renderNode.rotation.z],
                        })
```

```
                    },
                    thing: Server,
                })
            }
        }


    onLeaveLevel(params: LevelParams) {
        //只有不切换至服务器模型的时候才执行移除方法
        if (params.current.type !== ClassType.Server) {
            //动态移除服务器
            super.onLeaveLevel(params)
            for (let i = this.renderNode.children.length - 1; i >= 0; i--){
                if (this.renderNode.children[i].name ===
'singleServer'){
                    this.renderNode.remove(this.renderNode.
children[i])
                }
            }
        }
    }
```

（3）为了便于查看，在切换至机柜场景或者点击了某一台服务器之后需要将目标同级的其他机柜或服务器透明度降低。为此，先给baseObject定义一个透明度的属性，在这个属性改变后更改目标模型及其他的所有子模型透明度，具体如下：

```
//定义一个样式——透明度的属性
import * as THREE from "three"
export default class BaseStyle {
    node: THREE.Object3D
    opacity: number = 1
    constructor(node: THREE.Object3D) {
        this.node = node
        const handler = {
            set: (obj: this, prop: keyof BaseStyle, value: any) => {
                if (prop === 'opacity') {
                    this.node.traverse((item) => {
                        if (item instanceof THREE.Mesh) {
```

```
                        let materials = item.material instanceof Array ?
item.material : [item.material]
                        materials.forEach((material) => {
                            material.transparent = (value === 1 ? false :
true)
                            material.opacity = value
                        })
                    }
                })
            }
            obj[prop] = value;
            return true
        }
    }
    return new Proxy(this, handler)
}
}

//在baseObject里viewDidLoad之后初始化基础样式
viewDidLoad() {
    this.style = new BaseStyle(this.renderNode)
}

//在全体设备基类Thing类中，借由对应周期修改透明度属性
onEnterLevel() {
    this.brothers.forEach((item) => {
        item.style.opacity = 0.1
    })
}

onLeaveLevel(params: LevelParams) {
    this.brothers.forEach((item) => {
        item.style.opacity = 1
    })
}
```

切换至设备后的模型展示如图5-6所示。

图 5-6　设备模型场景

5.6.3　设备数据展示

在实际使用的时候，数据模型常常会伴随一些2D的HTML组件来展示一些关于设备的信息，例如在点击了某一台服务器之后展示它的设备编号、设备类型、设备容量等，如图5-7所示。这部分依赖写好的各个基类与事件方法，可以非常简单地实现。这里以react方法为例，开发者也可以根据自身需求选择适当的方式。具体示例如下：

```
//2D组件
import React from "react"

export default class Info extends React.Component {
    render() {
        return (
            <div style={{
                marginTop: 300,
                marginLeft: 100,
                height: 400,
                width: 300,
                backgroundColor: '#333',
                paddingLeft: 20,
                paddingTop: 30,
                position: 'absolute'
            }} >
                <div style={{ color: '#fff' }}>设备编号：1234</div>
```

```
                <div style={{ color: '#fff', paddingTop: 30 }}>设备类型：
服务器</div>
                <div style={{ color: '#fff', paddingTop: 30 }}>设备容量：
500T</div>
        </div>
          )
      }
    }
```

//在服务器基类内的对应周期内添加代码，进入时显示信息组件、离开时隐藏信息组件

```
    onEnterLevel() {
        super.onEnterLevel()
        ReactDOM.render(, document.getElementById('view_wrap'))
    }

    onLeaveLevel(params: LevelParams) {
        super.onLeaveLevel(params)

ReactDOM.unmountComponentAtNode(document.getElementById('view_wrap')!)
    }
```

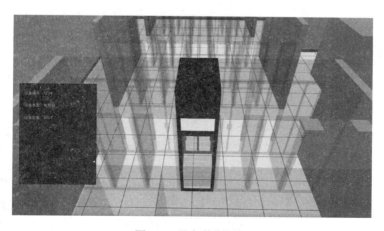

图 5-7　设备数据展示

5.7　进阶篇一：数据中心热力图

在数据中心场景中，房间温度是运营者非常关心的一项指标，通常每个数据机房内都会安放多个温度测量器来实时监控房间内各个点的温度。通过这些点位采集到的数据可以生成一个热力图，一目了然地展示房间温度情况。绘制2D的热力图对于熟悉Web开发的读者来说并不复杂，也有很多封装好的代码库可以直接使用。通过canvas组件绘制好2D热力图之后，便可以借由ThreeJS的API通过canvas生成纹理与材质，然后将材质放到对应的要展示热力图的房间地板上。

在本文中，我们采用heatmap.js依赖库生成canvas，然后生成对应的材质与物体，具体如下：

```
import { Heatmap, HeatmapConfiguration } from "heatmap.js"
import * as THREE from "three"
import h337 from 'heatmap.js';

export default class TroilaHeatmap {
    minValue!: number //热力值下限
    maxValue!: number //热力值上限
    width!: number
    height!: number
    radius!: number
    heatmapInstance!: Heatmap
    interval!: NodeJS.Timeout
    heatMapMaterial!: THREE.MeshBasicMaterial
    heatMapPlane!: THREE.Mesh
    create(params: {
        minValue: number, //热力值下限
        maxValue: number, //热力值上限
        width: number, //宽度，单位为米
        height: number, //长度，单位为米
        backgroundColor?: string, //（可选）背景颜色
        radius?: number, //（可选）单个点的热力影响半径，默认为0.8
        blur?: number, //（可选）单个点的热力影响模糊半径，默认为0.8
```

```
            gradient?: { number: string } // （可选）颜色渐变，设置为css可识别
的色值
            opacity?: number, // (可选)透明
            maxOpacity?: number, // （可选）热图中最大值具有的最大不透明度
            minOpacity?: number, // （可选）热图中最小值具有最小不透明度
    }) {
        this.width = params.width
        this.height = params.height
        this.minValue = params.minValue
        this.maxValue = params.maxValue
        this.radius = params.radius ? params.radius : 0.8
        let heatmapdiv = document.createElement("div");
        heatmapdiv.className = 'heatmap';
        heatmapdiv.innerHTML = '';
        heatmapdiv.style.width = this.width + 'px';
        heatmapdiv.style.height = this.height + 'px';
        document.body.appendChild(heatmapdiv);
        let heatmapParams: HeatmapConfiguration = {
            container: heatmapdiv,
            radius: 0.8,
            blur: 0.8
        }
        if (params.radius) {
            heatmapParams.radius = params.radius
        }
        if (params.backgroundColor) {
            heatmapParams.backgroundColor = params.backgroundColor
        }
        if (params.opacity) {
            heatmapParams.opacity = params.opacity
        }
        if (params.maxOpacity) {
            heatmapParams.maxOpacity = params.maxOpacity
        }
        if (params.minOpacity) {
            heatmapParams.minOpacity = params.minOpacity
        }
        if (params.blur) {
            heatmapParams.blur = params.blur
```

```
        }
        if (params.gradient) {
            heatmapParams.gradient = params.gradient
        }
        let heatmap = h337.create(heatmapParams)
        //获取绘制热力图的canvas
        let canvas = heatmapdiv?.getElementsByTagName("canvas")[0];
        //生成纹理
        let heatMapTexture = new THREE.Texture(canvas);
        let heatMapGeo = new THREE.PlaneGeometry(this.width,
this.height);
        //生成材质
        this.heatMapMaterial = new THREE.MeshBasicMaterial({
            map: heatMapTexture,
            transparent: true
        });
        if (this.heatMapMaterial.map)
            this.heatMapMaterial.map.needsUpdate = true;
        //生成承载材质的物体
        this.heatMapPlane = new THREE.Mesh(heatMapGeo,
this.heatMapMaterial);
        this.heatmapInstance = heatmap
    }
}
```

接下来通过Heatmap提供的setData()方法为热力图设置数据，这里以一组生成的随机数为示例进行展示，在设置数据更新了canvas之后还需要设置needsUpdate为true来更新材质。

```
    radomData() {
        let len = Math.floor((this.width / this.radius) > (this.height
/ this.radius) ? (this.width / this.radius) : (this.height / this.radius))
* 4;
        let points = [];
        let max = this.maxValue
        let min = this.minValue
        while (len--) {
            var val = (this.maxValue - this.minValue) / 2 +
Math.floor(Math.random() * (this.maxValue - this.minValue) / 2);
```

```
        max = Math.max(max, val);
        var point = {
            x: Math.floor(Math.random() * this.width),
            y: Math.floor(Math.random() * this.height),
            value: val
        };
        points.push(point);
    }
    var data = {
        max,
        min,
        data: points
    };
    if (this.heatmapInstance) {
        this.heatmapInstance.setData(data)
    }
    if (this.heatMapMaterial && this.heatMapMaterial.map) {
        this.heatMapMaterial.map.needsUpdate = true
    }
}
```

准备好要显示的热力图之后，需要找到模型文件中需要添加热力图的目标物体，将
生成的热力图添加进去。这里以一楼数据机房为例，编写展示热力图的代码：

```
import * as THREE from "three"
import GLManager from "./index"
import TroilaHeatmap from "./heatmap"

let instance: ToolPanel | null = null

export default class ToolPanel {
    static get shared() {
        if (instance === null) {
            instance = new this()
        }
        return instance
    }
    isHeatmapShowed = false;
    interval: NodeJS.Timeout | undefined
```

```
object!: THREE.Object3D
troilaHeatmap = new TroilaHeatmap()

showHeatMap() {
    if (GLManager.shared.level.current?.name === 'floor-1') {
        //找到一楼数据机房的地板
        this.object = GLManager.shared.query('floor-1')[0].
renderNode.children[6].children[1]
        if (!this.object) return
        this.isHeatmapShowed = !this.isHeatmapShowed
        if (this.isHeatmapShowed) {
            //获取包围盒以便获取具体热力图的大小及位置
            var box = new THREE.Box3().setfromObject(this.object);
            var size = box.getSize(new THREE.Vector3());
            let width = size.x;
            let height = size.z;
            this.troilaHeatmap.create({
                maxValue: 50,
                minValue: 0,
                width,
                height,
                radius: 3.5,
                backgroundColor: '#fff',
                //将应用于所有数据点的模糊因子，模糊因子越高，渐变越平滑
                blur: .7,
            })
            const position = this.object.position
            this.troilaHeatmap.heatMapPlane.position.set
(position.x, position.y, position.z)
            this.troilaHeatmap.heatMapPlane.rotation.set
(this.object.rotation.x, this.object.rotation.y, this.object.rotation.z)
            this.troilaHeatmap.heatMapPlane.rotateX(-1 / 2 *
Math.PI)
            this.object.visible = false
            this.object.parent!.add(this.troilaHeatmap.
heatMapPlane)
            //使用随机数据填充热力图
            this.troilaHeatmap.radomData()
            //每1s更新一次
```

```
          this.interval = setInterval(() => {
              this.troilaHeatmap.radomData()
          }, 1000)
      } else {
          if (this.interval) {
              this.troilaHeatmap.heatMapPlane.visible = false
              this.object.visible = true
              clearInterval(this.interval);
              this.interval = undefined;
          }
      }
    }
  }
}
```

最后，同之前完成的展开效果一样，在进入楼层的时候添加一个按钮来调用写好的展示热力图的方法即可。热力图展示效果如图5-8所示。

```
//Floor类
this.changeButton.onclick = () => {
    ToolPanel.shared.showHeatMap()
}
```

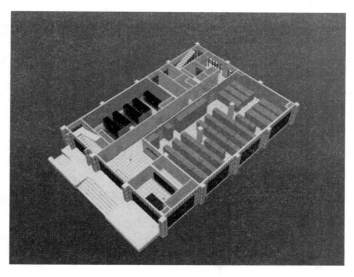

图 5-8　热力图效果展示

5.8　进阶篇二：空间展示效果

在数据中心场景中，还有一个使用者普遍关注的数据——各个机柜的空间使用情况。在本节中，我们编写一个空间展示效果，当用户点击查看空间后，在每个机柜位置上用一个颜色大小不同的立方体代替原本的机柜模型，从而直观地展现各个机柜的空间占用情况。

从逻辑上讲，在空间展示事件触发后，通过机柜模型获取每个机柜的大小（size）与位置（position），然后以此创建大小位置相同的Mesh。接着通过使用空间占用的百分百数据调整每个Mesh的高度，并赋予Mesh对应颜色的Material。最后将原有的模型隐藏，显示新创建的Mesh，这样就完成了空间大小占用的展示效果，代码如下：

```
//在机柜类内添加展示隐藏空间的逻辑

export default class Cabinet extends Thing {
    type = ClassType.Cabinet
    spaceMesh!: THREE.Mesh
    spaceMeshHeight!: number

    //创建柱状图
    createSpaceBox() {
        if (this.spaceMesh)
            return;
        const cabinetBox = new
THREE.Box3().setfromObject(this.renderNode)
        const cabinetSize = cabinetBox.getSize(new THREE.Vector3());
        let spacebox = new THREE.BoxGeometry(0.9 * cabinetSize.x,
cabinetSize.y, 0.9 * cabinetSize.z);
        this.spaceMeshHeight = cabinetSize.y
        let material = new THREE.MeshBasicMaterial({
            opacity: 0.8,
            color: '#0000ff',
            transparent: true
        });
        this.spaceMesh = new THREE.Mesh(spacebox, material);
        this.spaceMesh.position.set(this.renderNode.position.x,this.
renderNode.position.y+this.spaceMeshHeight/2,this.renderNode.position.z)
        this.parent!.renderNode.add(this.spaceMesh)
        this.spaceMesh.visible = false;
```

```
        }
        //显示柱状图
        showSpaceBox(isShow: Boolean, spaceParams: { spaceIndex: number,
spaceColor: string }) {
            if (isShow) {
                //确认创建了盒子
                this.createSpaceBox();
                //隐藏机柜，显示盒子
                this.renderNode.visible = false;
                this.spaceMesh.visible = true;
                let scalevar = { x: 1, y: 0.1, z: 1 }
                new TWEEN.Tween(scalevar)
                    .to({ x: 1, y: spaceParams.spaceIndex, z: 1 }, 700)
                    .easing(TWEEN.Easing.Quadratic.Out)
                    .onUpdate(() => {
                        this.spaceMesh.scale.set(scalevar.x, scalevar.y,
scalevar.z)
                        this.spaceMesh.position.setY(this.renderNode.
position.y+ this.spaceMeshHeight/2*scalevar.y)
                    })
                    .onComplete(() => {
                    })
                    .onStart(() => {
                        this.spaceMesh.visible = true
                        this.spaceMesh.scale.set(1, 0.1, 1);
                        this.spaceMesh.position.setY(this.renderNode.
position.y+ this.spaceMeshHeight/2*0.1)
                        if (this.spaceMesh.material instanceof THREE.
MeshBasicMaterial) {
                            this.spaceMesh.material.color.set(spaceParams.
spaceColor)
                        }
                    })
                    .start()
            } else {
                //隐藏盒子，显示机柜
                this.renderNode.visible = true;
                if (this.spaceMesh)
                    this.spaceMesh.visible = false;
```

```
        }
    }
    ...
}
//在工具类内，创建方法来查询要展示空间的机柜并生成随机数据，再调用机柜的空间方法
export default class ToolPanel {
    ...
    isSpaceBoxShowed = false;
    colorArray = ['#0000ff', '#00ffff', '#00ff00', '#ff0000', '#ff00ff',
'#ffff00'];

    //展示/隐藏空间
    showSpaceBox() {
        if (GLManager.shared.level.current?.name === 'floor-1') {
            this.isSpaceBoxShowed = !this.isSpaceBoxShowed
            let objectArray1 = GLManager.shared.query('Single_Server')
            objectArray1.forEach((object) => {
                if (object instanceof Cabinet) {
                    object.showSpaceBox(this.isSpaceBoxShowed,
this.getSpaceData())
                }
            })
        }
    }
    //生成随机数据
    getSpaceData() {
        let returnObject = { spaceIndex: 0, spaceColor: '#0000ff' }
        if (this.isSpaceBoxShowed === true) {
            returnObject = {
                spaceIndex: Math.random() * 0.8 + 0.2,
                spaceColor: this.colorArray[Math.floor(Math.random() *
this.colorArray.length)]
            }
        }
        return returnObject
    }
}
```

//在楼层事件内动态添加按钮调用工具类的空间方法

```
this.spaceButton = document.createElement('button')
this.spaceButton.textContent = '空间'
this.spaceButton.onclick = () => {
    ToolPanel.shared.showSpaceBox()
}
```

```
document.getElementById('view_wrap')?.appendChild(this.spaceButton)
```

空间大小效果展示如图5-9所示。

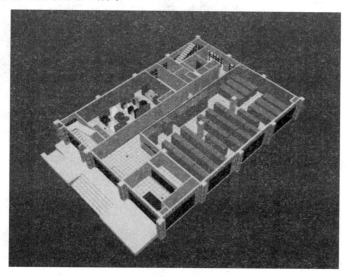

图 5-9　空间大小效果展示

5.9　数据中心大屏实例展示

除了之前几节介绍的内容以外，最直观地展示数据中心相关数据的方式还是借助2D图表的方式，尤其是在项目首页或者数据中心实体大屏的应用场景上，3D模型配合图表数据可以给访问者提供最直观的感受。图表的开发对于前端开发工程师而言应该并不陌生，例如"echarts"等强大的前端开源库可以帮助开发者快速完成图表内容的开发与集成。由于这一部分内容并不是本文的重点，因此这里不再详细介绍2D图表的开发内容。最后附上一张开发完成的园区展示示例（见图5-10），希望可以为各位读者起到抛砖引玉的效果。

图 5-10　数据中心展示示例

5.10　本章小结

在最后两章我们选择ThreeJS作为数据中心3D可视化需求的解决方案，依次完成了场景、相机、控制器、光源的配置，以及模型文件的加载，并以此为基础开发了完整的园区→数据中心→各楼层→机柜服务器等设备的树状模型结构，为动环数据的展示提供了直观便捷的查看方式。在进阶篇中，我们选取了热力图与空间展示两个对于数据中心而言十分重要的数据，开发了对应的可视化方案。至此，已经完成了数据中心3D模型的开发。

在开发的过程中，我们尽量选择比较直观的方式，希望读者可以通过本书的学习初步掌握使用ThreeJS框架开发完成数字孪生数据可视化的方法。ThreeJS 是一款可以满足多数Web三维开发需求的强大三维开发引擎，本文介绍的只是其中最核心的一部分，通过深入的学习开发者还可以实现更多、更炫丽的效果，拥有更加流畅、优美的用户体验。

参 考 文 献

[1] 于勇，范胜廷，彭关伟，等. 数字孪生模型在产品构型管理中应用探讨[J]. 航空制造技术, 2017, 60(7):41-45.

[2] 赵波，程多福，等. 数字孪生应用白皮书 [R/OL].(202011-23)[2021-09-01]. https://www.sgpjbg.com/baogao/23039.html.

[3] 赵波, 刘蔚然, 刘检华, 等. 数字孪生及其应用探索[J]. 计算机集成制造系统, 2018, 24(01):4-21.

[4] 赵敏, 宁振波. 什么是数字孪生？已有哪些应用？终于有人讲明白了 [EB/OL]. (2020-07-22)[2021-09-01]. https://blog.csdn.net/lemonbit/article/details/107551755.

[5] 山西晚报. 沙盘作战地图，古代是从米堆演变来的[EB/OL].(2017.7.22)[2021-09-01]. http://news.youth.cn/jsxw/201707/t20170722_10350129.htm.

[6] 彭慧. 数字孪生 —— 起源的故事 [EB/OL].(2020-06-17)[2021-09-01]. http://www.clii.com.cn/lhrh/hyxx/202006/t20200617_3945076.html.

[7] 彭慧. 数字孪生的前世今生 [EB/OL].(2021-04-03)[2021-09-01].https://weibo.com/ttarticle/p/show?id=2309404625400687886495.

[8] 刘亚威. 数字线索：美空军及军工巨头的顶层战略 [EB/OL].(2017-10-03) [2021-09-01].https://www.sohu.com/a/196083057_358040.

[9] DeepTech深科技.美国通用电气技术掌门人:用数字孪生,打造百年老店的复活之路 [EB/OL]. (2020-02-29)[2021-09-01].https://www.sohu.com/a/376858158_120521462.

[10] DeepTech深科技. 数字孪生未来市场可达360亿美元，或为医疗健康领域新视点.(2021-02-19)[2021-09-01].https://www.sohu.com/a/451472742_120536428.

[11] 陶飞. 数字孪生五维模型及十大领域应用[J]. 计算机集成制造系统，2019, 25:249(01):5-22.

[12] 刘陈，景兴红，董钢. 浅谈物联网的技术特点及其广泛应用[J]. 科学咨询(科技·管理), 2011(09):86-86.

[13] 李良志. 虚拟现实技术及其应用探究[J]. 中国科技纵横, (3):2.

[14] 中国教育新闻网. 大数据与教育同频共振 [EB/OL].(2019-02-16)[2021-09-01]. http://edu.people.com.cn/n1/2019/0216/c1006-30744948.html.

[15] Problem_Girl 的博客 -CSDN博客. DOM、BOM（一）[EB/OL].（2019-12-29) [2021-09-01].https://blog.csdn.net/Problem_Girl/article/details/103639945.

[16] 许晓燕. 基于云计算的数据挖掘云服务模式研究[J]. 电脑知识与技术, 2018, 014(019):16-17.

[17] 杨兴翔. 云计算在电力信息化建设的应用[J]. 农家参谋, 2020, 651(07): 148-148.

[18] 朱振林, 丛冠然. 人工智能对人和社会未来的影响[J]. 知与行, 2018, 35(06): 94-98.

[19] 人民网.边缘计算产业联盟正式成立,华为等公司牵头[EB/OL].（2016-12-01) [2021-09-01].http://it.people.com.cn/n1/2016/1201/c1009-28918235.html.

[20] 何敏, 李明雪. 新基建行研系列（二）——数据中心篇. [EB/OL].（2020-04-23) [2021-09-01]. http://www.gdasc.cn/news_3297.shtml.

[21] 中国数据中心机房等级分类及标准 [EB/OL].（2018-07-31)[2021-09-01]. https://wenku.baidu.com/view/c566579927fff705cc1755270722192e453658dd.html.

[22] 前瞻经济学人.2020年中国数据中心行业发展现状与供需情况分析 市场规模迅速增长[EB/OL]. (2020-12-20)[2021-09-01].https://baijiahao.baidu.com/s?id= 1686580888140248040&wfr=spider&for=pc

[23] 数据中心能效测评指南 [EB/OL].（2012-03-25)[2021-09-01].https://wenku.baidu.com/ view/bbda9b1e6bd97f192279e9dc.html.

[24] 数据中心维管理.数据中心能效指标有哪些？怎么计算？[EB/OL].（2020-07-10) [2021-09-01].https://blog.csdn.net/j6UL6lQ4vA97XlM/article/details/107273326

[25] 黄冬梅, 杨超. 数据中心数字孪生技术应用探讨[J]. 数据中心建设+(8):7.

[26] 陈庆. 数字孪生在数据中心基础设施领域的应用探索[J]. 中国金融电脑, 2019, 000(008):67-71.

[27] 邱锡鹏.神经网络与深度学习[OL]. 北京：机械工业出版社，https://nndl.github.io/, 2020:27-31[2021-07-12].

[28] 张立毅, 等.神经网络盲均衡理论、算法与应用[M]. 北京:清华大学出版社,33-33, 2013.12.

[29] 毛健，赵红东，姚婧婧.人工神经网络的发展及应用[D]. 2-3.

[30] 润川智能技术有限公司.中心机房动环监控系统技术方案[R]. 8-10.

[31] 节能管理处.数据中心能耗指标PUE解释[OL].2019-08-09[2021-07-21].
http://jgswj.ningbo.gov.cn/ art/ 2019/8/9/art_1229047524_48308889.html.

[32] 创新与实践.PUE值1.1已令人难以置信，但百度云计算(阳泉)中心还能做到更低！
[OL].2018-10-28[2021-07-22].https://www.sohu.com/a/271794896_100068148.

[33] 华为.华为发布iCooling@AI解决方案 助力数据中心从制冷到"智冷"[OL].
2018-10-12[2021-07-23].https://e.huawei.com/cn/news/energy/201810121132.